U0325318
含章
新实用
阅读图文之美 / 优享健康生活

图解阳台种菜

一学就会

日本主妇之友社　编著　杜丽玲　译

江苏凤凰科学技术出版社 · 南京

图书在版编目（CIP）数据

图解阳台种菜一学就会 / 日本主妇之友社编著；杜丽玲译 .—南京：江苏凤凰科学技术出版社，2022.2
ISBN 978-7-5713-2487-2

Ⅰ．①图… Ⅱ．①日… ②杜… Ⅲ．①蔬菜园艺－图解 Ⅳ．① S63-64

中国版本图书馆 CIP 数据核字 (2021) 第 215146 号

图解阳台种菜一学就会

编　　著	日本主妇之友社
译　　者	杜丽玲
责任编辑	陈　艺
责任校对	仲　敏
责任监制	方　晨
出版发行	江苏凤凰科学技术出版社
出版社地址	南京市湖南路 1 号 A 楼，邮编：210009
出版社网址	http://www.pspress.cn
印　　刷	文畅阁印刷有限公司
开　　本	718 mm × 1 000 mm　1/16
印　　张	9
字　　数	215 000
版　　次	2022 年 2 月第 1 版
印　　次	2022 年 2 月第 1 次印刷
标准书号	ISBN 978-7-5713-2487-2
定　　价	39.80 元

图书如有印装质量问题，可随时向我社印务部调换。

种植
蔬菜
&
香草

如果屋后有宽阔的平台，
那就可以在花盆里种植各种各样的蔬菜。

如果是第一次种菜，
建议种植容易培育的绿叶蔬菜。

单位换算

固体类：
1 大匙≈ 15g　1 小匙≈ 5g

液体类：
1 大匙≈ 15ml　1 小匙≈ 5ml

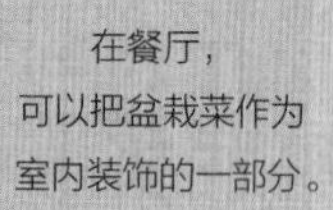

在餐厅，
可以把盆栽菜作为
室内装饰的一部分。

如果在窗边种菜，
建议种植适合在柔和光线下生长的嫩叶菜。

苦瓜的藤蔓
还可以担当绿色窗帘的角色。

在大门口，
可以摆上几盆水菜或芝麻菜，
有效地把外面的空间收为己用。

目　录

第一章 种菜基础入门

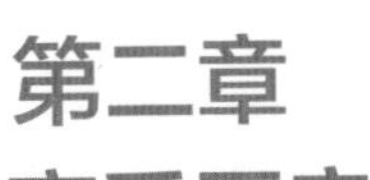

第二章 享受厨房的乐趣

第三章 蔬菜、香草和果实类作物的种植方法

第四章 更加详细的种菜知识

洋甘菊

第一章　种菜基础入门

也许很多人都认为，

如果没有田地和庭院是没有办法种菜的。

其实，即使是很小的阳台和窗边，

只要合理利用花盆或花槽，

每个人都可以轻松种菜。

那就让我们准备好花盆和土壤，

种些应季蔬菜吧！

播种后，只是看着菜苗一点一点长大的样子就会十分开心。

准备好这些东西，开始种菜吧！

需要准备的东西

种菜之前，有几样必须准备的东西。首先，种子、苗、土壤和放置土壤的器具是最基本的必备之物。其次，为了使土壤更加肥沃，肥料是不可或缺的。另外，还需要准备浇水的喷壶及菜苗定植和收获时使用的铲子和剪刀等工具。

种菜的第一步从选土开始。甄选优质的土壤比什么都重要！

买些价格便宜的工具就足够用了！

土壤

种菜最重要的一点就是用优质的土壤来培育。刚开始用花盆种菜的时候必须使用适宜种菜的土壤。如果家里有庭院，可以在庭院土的基础上混合其他土壤。这对初次种菜的人来说有点困难，建议购买市场上出售的蔬菜专用的营养土。（详情请参照第 127 页）

最省事的办法就是购买加入肥料的营养土。

根据蔬菜种类的不同选择合适的花盆或花槽。

肥料

对于只能在有限的土壤里种植的花盆蔬菜来说，如果没有肥料是难以茁壮生长的。用花盆种菜时，必须在适当的时候施以适当的肥料。但是，由于市场出售的营养土里面已经含有肥料，所以，如果种植生长期短的绿叶蔬菜是可以不追肥的。而且，肥料包括有机肥、化肥和液体肥料等类型。由于不同肥料的效果和用途不同，一定要区分使用。（详情请参照第 129 页）

追肥用的肥料除了见效快的液体肥料，也建议使用鸡粪等有机肥料。

花盆或花槽

我们必须准备好放置土壤的容器。虽然只要能装土的容器都可以用，但是仍然建议购买市场上出售的花盆或花槽。选择花盆的关键在于要与所种植蔬菜的大小相匹配，尤其需要注意花盆的深浅。由于不同的蔬菜所需花盆的深浅也不相同，所以需要准备与想种植的蔬菜大小匹配的花盆。种植芝麻菜或水菜等绿叶蔬菜时，盆底浅一点没有关系；但是种植胡萝卜或红薯等根系发达的蔬菜或者小番茄等结果实的蔬菜时，就需要准备深达 25cm 以上的花盆。（详情请参照第 125 页）

种子、苗

根据蔬菜种类的不同，有的适合播种，有的适合购买菜苗。由于播种和种植菜苗的时间各不相同，所以必须找准时机操作。另外，种子都有保质期。所以尽量不要使用保存时间太久的种子。保存的时候也一定要放在冰箱里或阴凉处。（详情请参照第131页）

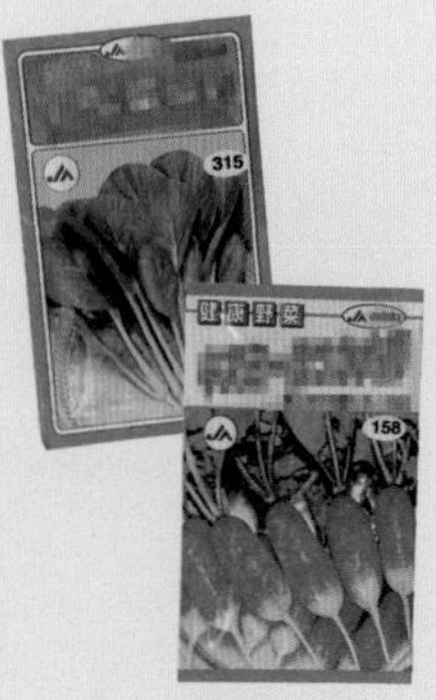

▲ 种子一定要放在冰箱里或阴凉处保存。

喷水壶

因为每天都要浇水，所以喷水壶也是必备之物。喷水壶上一般都带有可以让水流呈喷水状的喷头。关于喷头，有几种不同的使用方法：播种之后，可以使喷头朝上，让水流轻轻地喷出来。菜苗长大后，需要拔下喷头，不要让水浇到叶子上面。如果想要冲掉粘在叶子上的虫子或把用水稀释过的液肥喷在叶子表面，需要使喷头朝下。

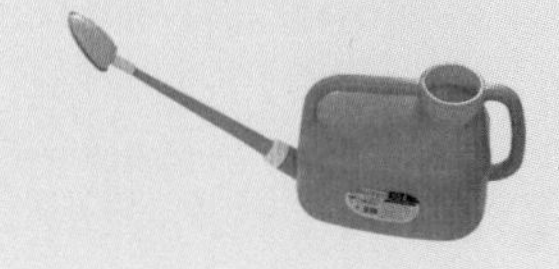

◀ 使用喷头轻轻地喷水。

铲子、剪刀

▼ 请选择金属质地的坚固铲子。

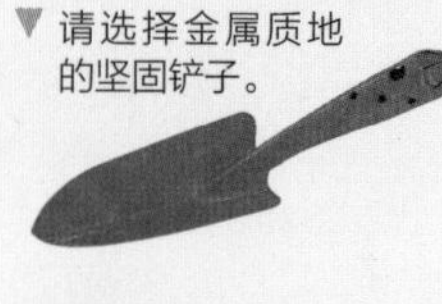

在定植菜苗或收获绿叶蔬菜和果菜的时候一定会用到铲子和剪刀。而且，作为种菜的必备工具，在其他时候也会用到它们。

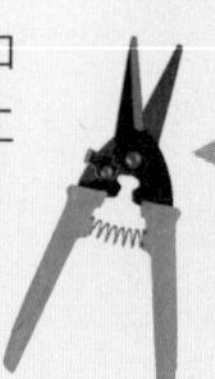

◀ 收获的时候使用园艺剪刀，修剪坚硬枝干的时候用修剪剪刀比较方便。

支架、花格架

在种植小番茄、茄子、黄瓜、苦瓜等果实多的蔬菜或藤蔓发达的蔬菜时，需要准备牢固的支架或花格架，以免植株倒伏。

▲ 为了有效利用狭窄的空间，建议使用方便的花格架。

PE 绳、绳子、捆扎带

为了把蔬菜的茎或藤蔓固定在支架上，需要使用绳子或捆扎带。使用拧一下就能轻松绑好的 PE 绳更方便。

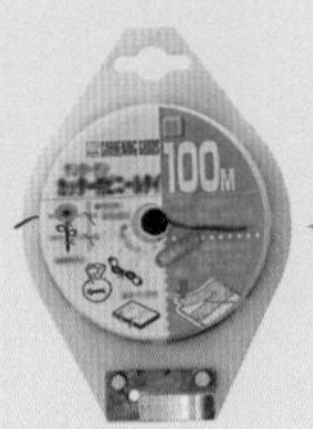

◀ 为了把长长的藤蔓和枝丫牵引到支架上，建议使用操作方便的PE绳。

便利小贴士

摆弄土壤时使用园艺布和手套

园艺布和手套能让你更方便地摆弄土壤。如果在阳台上摆弄土壤，总会不可避免地撒落，弄脏阳台。园艺布在这个时候就会发挥很大的作用。展开它的四角，就可以极大地阻止土壤和水向四周飞溅，使用起来十分方便。另外，直接用手接触土壤不仅会使肌肤干燥，而且也不卫生，所以建议尽可能戴手套。

有了它，土和水不会乱溅出去，安全放心！

适宜种菜的季节

不同的蔬菜适宜栽培的季节也不相同。不耐寒的番茄和黄瓜到了冬天就会枯萎。相反，白菜和洋葱就完全不耐热。还有像小松菜和茼蒿这样的蔬菜，除了盛夏和严冬，其他时间都可以种植。总之，选择适宜的季节种植蔬菜是非常重要的。

▼ 寒冷的时候可以使用塑料棚来控制温度。

大多数时候都可以种植的蔬菜

有些蔬菜相对来说冷热适应性比较强。虽然它们还无法适应盛夏和严冬，但无论是春播还是秋播都可以生长。在此介绍几种这类蔬菜。

大多数时候都可以种植的蔬菜一览

芜菁、苤蓝、小松菜、茼蒿、唐莴苣、小萝卜、长茎西蓝花、芝麻菜、水菜、叶葱、冬葱、生菜等。

芜菁

富含可促进消化的淀粉酶。做沙拉或腌渍后都非常美味。虽然其适宜生长温度为 15 ~ 20℃，但是在零下 3℃的环境下也可以存活。（详情请参照第 47 页）

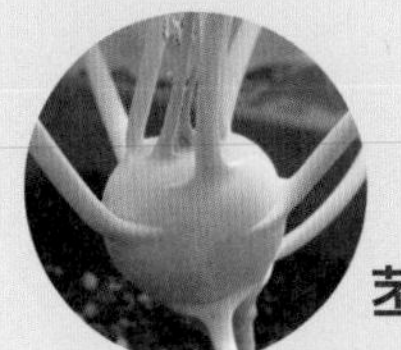

苤蓝

类似卷心菜的味道和与芜菁相仿的清脆口感是其魅力所在。适合在春秋播种。（详情请参照第 53 页）

小松菜

钙和铁含量丰富。即使在小花盆里也可以种植。适宜生长温度为 5 ~ 35℃，温度跨度很大。（详情请参照第 65 页）

小萝卜

从播种到收获仅需 1 个月，简单方便，广受欢迎。色彩鲜艳，可以极好地装饰餐桌菜肴。除了盛夏和严冬，其他时候都可以种植。（详情请参照第 49 页）

茼蒿

味道微苦。适宜发芽的温度为 10 ~ 35℃，但是即使在 0℃，幼苗也不会枯死。也被称作“菊花菜”。（详情请参照第 74 页）

唐莴苣

用其红色、黄色和橙色等色彩丰富的叶柄做成的沙拉十分美观。适宜发芽温度为 10 ~ 30℃，耐热。（详情请参照第 81 页）

芝麻菜

强烈刺激性的辣味和淡淡的芝麻香味是其魅力所在。喜凉，尽量不要在盛夏时节种植。（详情请参照第 41 页）

水菜

即使煮过之后仍可以享受到“咔嚓咔嚓”的清脆口感的绿叶蔬菜。适宜生长温度为 15 ~ 25℃，对高温和低温的适应性都很强，春播和秋播皆可。（详情请参照第 72 页）

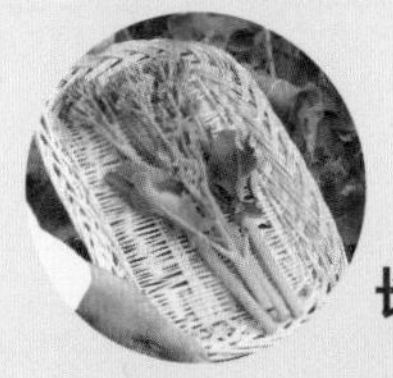

长茎西蓝花

食用其长长的延伸一侧的花蕾和茎。虽然性喜凉，但是不耐严寒和酷暑，建议在春天或秋天种植。（详情请参照第 70 页）

从春天到夏天都可以种植的蔬菜

耐酷暑，但是一到秋风扫落叶的季节就会停止生长，其突出特点是霜降之后就会枯死。在此介绍一下这类蔬菜。

从春天到夏天都可以种植的蔬菜一览

青椒、小番茄、茄子、黄瓜、苦瓜、明日叶、扁豆、秋葵、毛豆、红辣椒、罗勒、紫苏等。

青椒

即使熟透后颜色变红也很好吃，是辣椒的同类作物。适宜发芽温度为15 ~ 35℃。其耐热性好，但如果温度低于10℃就会停止生长。（详情请参照第59页）

茄子

富含具有预防癌症功效的茄色甙。适宜发芽温度为15 ~ 40℃。耐高温，0℃以下即会枯死。（详情请参照第97页）

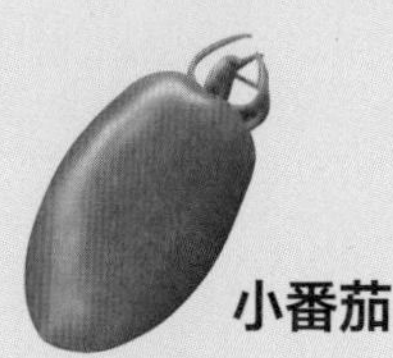

小番茄

抗氧化作用强的番茄红素含量丰富，建议种植甜味浓的品种。适宜发芽温度为11 ~ 40℃。如果要让其在早春发芽，则需要花费些功夫。（详情请参照第55页）

黄瓜

“咔嚓咔嚓”的爽脆口感使其成为夏天广受欢迎的经典蔬菜。适宜发芽温度为15 ~ 40℃。耐高温，10℃以下停止生长。（详情请参照第99页）

苦瓜

藤蔓可以成为绿色的窗帘且苦味浓郁的健康蔬菜。适宜生长温度为20 ~ 30℃，耐酷暑。（详情请参照第101页）

从秋天到冬春都可以种植的蔬菜

虽然并不是在天气炎热的环境下就完全无法生长，但下面介绍的蔬菜夏季种植起来确实比较困难。而且，有些蔬菜在0℃以下不仅不会枯死，反而会增加食物的甜度。

从秋天到冬春都可以种植的蔬菜一览

胡萝卜、洋葱、草莓、小白菜、菠菜、油菜等。

胡萝卜

富含具有延缓衰老功效的β-胡萝卜素，是黄绿色蔬菜的代表。适宜发芽温度为4 ~ 33℃。高温环境下容易被病虫害侵袭。（详情请参照第105页）

小白菜

在花盆里也可以轻松种植的蔬菜。不耐热、喜凉。0℃以下也不会枯死。（详情请参照第82页）

草莓

一旦种上就可以2 ~ 3年持续采摘。适宜生长温度为17 ~ 20℃。0℃以下也不会枯死。（详情请参照第117页）

洋葱

在大蒜素的作用下具有促进血液循环功效的健康蔬菜。耐寒性强，在4℃的低温环境下也可以发芽。但耐热性差，超过25℃就会生长迟缓。（详情请参照第78页）

从种子开始种植

看着小小的种子发芽并一点一点慢慢长大的样子，也是种菜的一大乐趣。速生绿叶蔬菜一般 1 个月左右就可以采收了。如果是间苗菜，10 天左右就可以尝鲜。

▼ 不同蔬菜的播种方法不相同。

从种子开始种植的蔬菜一览

大部分速生绿叶蔬菜都采用播种的方式。此外，移植后不易存活的胡萝卜和豆类也是直接播种的。

芝麻菜、罗勒、芜菁、小萝卜、芥蓝、菠菜、小松菜、秋韵、细辛、芥菜、茼蒿、油菜、唐莴苣、胡萝卜、豌豆、毛豆、扁豆、秋葵等。

1 播种前的准备工作

首先准备好花盆或花槽，然后把土壤（建议使用营养土）装进去。为了不让水流出来，花盆上方要留足 2 ~ 3cm 的空间。（详情请参照第 127 页）

▲ 在花盆或花槽底部铺上盆底石之后，装入土壤。

2 播种

蔬菜的种类不同，其播种方法也不相同。如果是长不大就采摘的嫩菜，可以用散播。根株较大的可以点播，其他的建议用条播。（详情请参照第 131 页）

▲ 在土里划出沟槽播种的方式即为条播。

3 覆土

播完种之后就可以撒上土（覆土）。但需要注意的是，有的种子可以多覆土，有的种子不可以多覆土。（详情请参照第 132 页）

▲ 要注意不同种类蔬菜的覆土方式不同。

4 浇水

播完种之后要浇足够的水。以水从排水孔里流出来为宜。（详情请参照第 15 页、第 135 页）

▲ 播种之后要缓缓浇水，建议喷头朝上。

5 间苗

发芽之后，对长得混杂的地方进行间苗，保持适当株距。间苗菜可以做沙拉。（详情请参照第 15 页）

▲ 间苗之后别忘记培土，以免幼苗倒伏。

6 收获

长大之后，逐次采收。（详情请参照第 16 页）

▲ 不要错过收获季哦！

从菜苗开始种植

如果是第一次种植果菜类蔬菜，购买菜苗放在花盆或花槽里定植是最简便的办法。这样一来，谁都可以轻松地种菜了。莴苣和葱等叶菜类蔬菜如果从菜苗开始种植也会很省事。

◀ 选择茁壮的菜苗！

从菜苗开始种植的蔬菜一览

大部分果菜类作物一般都采用定植菜苗的方式。不管是什么菜苗，只要有 2 ~ 3 株，以后的收成就会很不错。

草莓、黄瓜、长茎西蓝花、苦瓜、青辣椒、洋葱、红辣椒、茄子、葱、青椒、小花椰菜、小番茄等。

1 准备菜苗

虽然菜苗可以从种子开始培育，但自己培育毕竟要花费很多时间，因此建议购买现成的菜苗。要选择颜色深、茎粗壮的菜苗。（详情请参照第 133 页）

▲ 除了菜苗，还要准备花盆或花槽、盆底石和土壤。

2 种植菜苗

对于结果实的果菜类和根比较长的根菜类，需要使用又深又大的花盆或花槽。装入土壤（建议使用营养土），种上菜苗。长得比较高的作物或藤蔓发达的作物需要立支架。

▲ 在种上菜苗并覆上和土壤表面一样高的土壤之后，使劲压一下，固定菜苗。

3 摘心、掐芽

为了不让小番茄、茄子或黄瓜长得过大，需要适时整枝。同时，为了促进果实发育，还需要摘心（摘除主枝生长点）和掐芽。（详情请参照第 16 页、第 136 页）

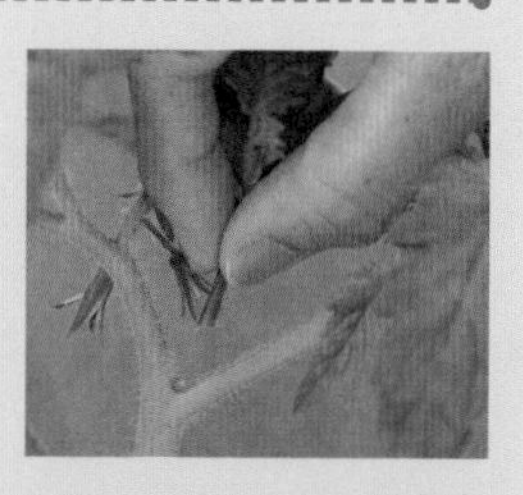

▲ 掐芽时用手指一摘即可轻松掐下。

4 追肥

在种植生长期较长的果菜类和根菜类作物时，除了基肥（混入最初的土壤中的肥料），还需要隔 1 ~ 2 周追肥一次。（详情请参照第 15 页、第 129 页）

▲ 果菜类等生长期长的作物尤其需要追肥。

5 收获

从大的果实开始逐次采收吧！如果收获不及时，不仅会损害果实，还会影响后续果实的发育。所以一定不要忘记采摘哦！（详情请参照第 16 页）

▲ 生菜需要用剪刀剪断它的根后采收。根据需要，从外侧叶片开始采收即可。

试着培育菜苗吧！

把小番茄、青椒和红辣椒的种子培育成苗相对来说比较容易，想不想试一下呢？但是，它们适宜发芽的温度都比较高，如果在早春播种，必须要在温暖的室内栽种，室温要始终保持在 15℃以上。

▲ 培育菜苗竟然出乎意料的简单！

收获前的工作

在播种和菜苗定植完成之后，不可以就此放任不管。还有一些每天都要做的工作。有的时候只是因为一天没有尽到职责，结果蔬菜就枯萎了。所以，每天的工作都不可以偷懒哦！

◀ 花些工夫在种菜上面。这本身就是一种乐趣。

浇水

在播种或种上菜苗之后每天应做的事情中最重要的就是浇水。水不能浇得太少也不能太多， 基本原则就是如果土壤表层干燥就要浇足水。平常每天早晨浇 1 次水即可。夏天可以 1 天浇 2 次。（详情请参照第 135 页）

▲ 每天浇水也很开心。

间苗

在播种的时候，为了让种子更好地发芽或留选茁壮的菜苗，都会多撒一些种子。但是，如果任由所有的种子都发芽长大，就会因为株距过于狭窄而使作物无法长大。为了保持合适的株距，逐次间苗吧！

◀ 如果植株过密，通风就会变差，需要及早间苗。

追肥

播种的时候务必使肥料和菜苗保持一定的距离。

在种植果菜类和根菜类等生长期较长的蔬菜时必须进行追肥。肥料中除了使用肥效和缓的有机肥，还可以用见效快的化肥和液肥。一定要记住，不同蔬菜的需肥量和施肥方法是不同的。（详情请参照第 129 页）

▶ 大多数液肥需要加入同比 500 ~ 600 倍的水稀释后方可使用。

病虫害的预防，从完善的栽培方法开始

种菜时不可避免的问题就是病虫害。无论多么小心注意，都无法避免病害和虫害的侵袭。为了将损失降到最低，最重要的就是要按照对于各种蔬菜来说最理想、最完善的方法来栽培。在依靠农药之前，必须先学习一下预防措施。（详情请参照第 139 页）

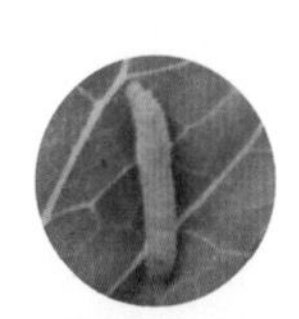

▲ 及早发现并处理青虫等害虫。

立支架

对于长得较高或果实较多的作物，需要用坚固的支架支撑。立支架的方法很多，可以只立1根，也可以立2～3根互相支撑，还可以搭“人”字形支架。（详情请参照第136页）

对于藤蔓发达的黄瓜，建议立圆筒形支架。

牵引

对于黄瓜和苦瓜等藤蔓发达的蔬菜，除了支架，还要挂上网或用花格架牵引其藤蔓攀爬。在固定茎或藤蔓的时候，可以使用麻绳或PE绳。

固定支架的时候，为了不伤害枝干和藤蔓，一定要慢慢地缠绕。

摘心、掐芽

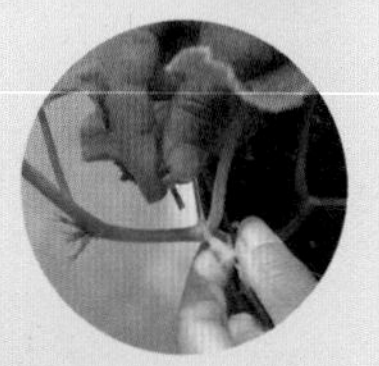

番茄或黄瓜等作物在长到一定高度时需要把主枝的生长点摘除（摘心），故意停止其生长。摘心可以增加腋芽，促进果实发育。如果腋芽的生长超出一定限度仍对它放任不管，叶子就会生长得过度茂盛，进而影响果实发育，所以必须掐芽。（详情请参照第136页）

小藤蔓（腋芽）在结2～3个果之后就要进行摘心。

授粉

人工授粉要在花开的早晨进行。

为了让果菜类蔬菜结出果实，需要把雄花的花粉传递到雌花的花蕊里。如果是番茄和茄子等两性花，只要花朵随风摇曳，花粉就可以顺利到达雌花的花蕊。但是西瓜、甜瓜、南瓜、西葫芦等瓜科作物属于雌雄异花，只能依靠昆虫授粉。为了确保授粉成功，建议人工授粉。但是，黄瓜不用授粉也可以结出肥硕的果实，所以不需要对它进行人工授粉。

收获

根据需要从外侧叶片开始采摘。整株采摘的时候可以把剪刀伸进根部剪下。果菜类的果实可以剪掉根蒂摘下。根菜类作物在收获的时候要尽量轻轻地拔出，以免土壤四溅。

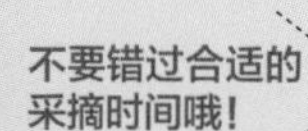

寻找能种菜的地方吧！

在哪里种菜

具备了种菜最基本的常识之后，终于可以开始种菜了。只要是阳光可以每日直射 3 个小时以上的地方，大多数蔬菜都可以种植。环视一下自己身边的阳台、露天平台、大门口和窗边等，寻找一个适合种菜的地方吧！

在露天平台或阳台

花盆种菜的首选之地就是露天平台或阳台。南向最合适，但在东向和西向有阳光直射的地方，只要好好打理一番也可以种菜。如果是北向或一天之中都见不到阳光的地方，只要选择莴苣、葱、菠菜等喜阴的蔬菜就没有问题了。但是，如果选择在阳台种菜，热气和冷气会通过混凝土直接传递到阳台上，因此在酷暑和严寒天气，必须铺置隔热材料。同时，为了避免被空调外机的风直接吹到，需要特别注意花盆或花槽的摆放位置。

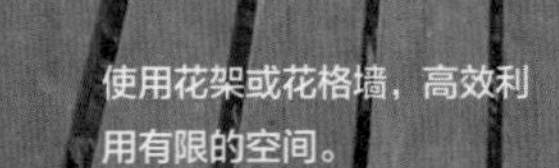

使用花架或花格墙，高效利用有限的空间。

对花盆或容器的摆放位置进行合理布局

思考一下如何摆放各种各样的蔬菜
也是一件开心的事。
一边想着蔬菜长大后的样子，
一边先自己设计一下阳台布局吧！

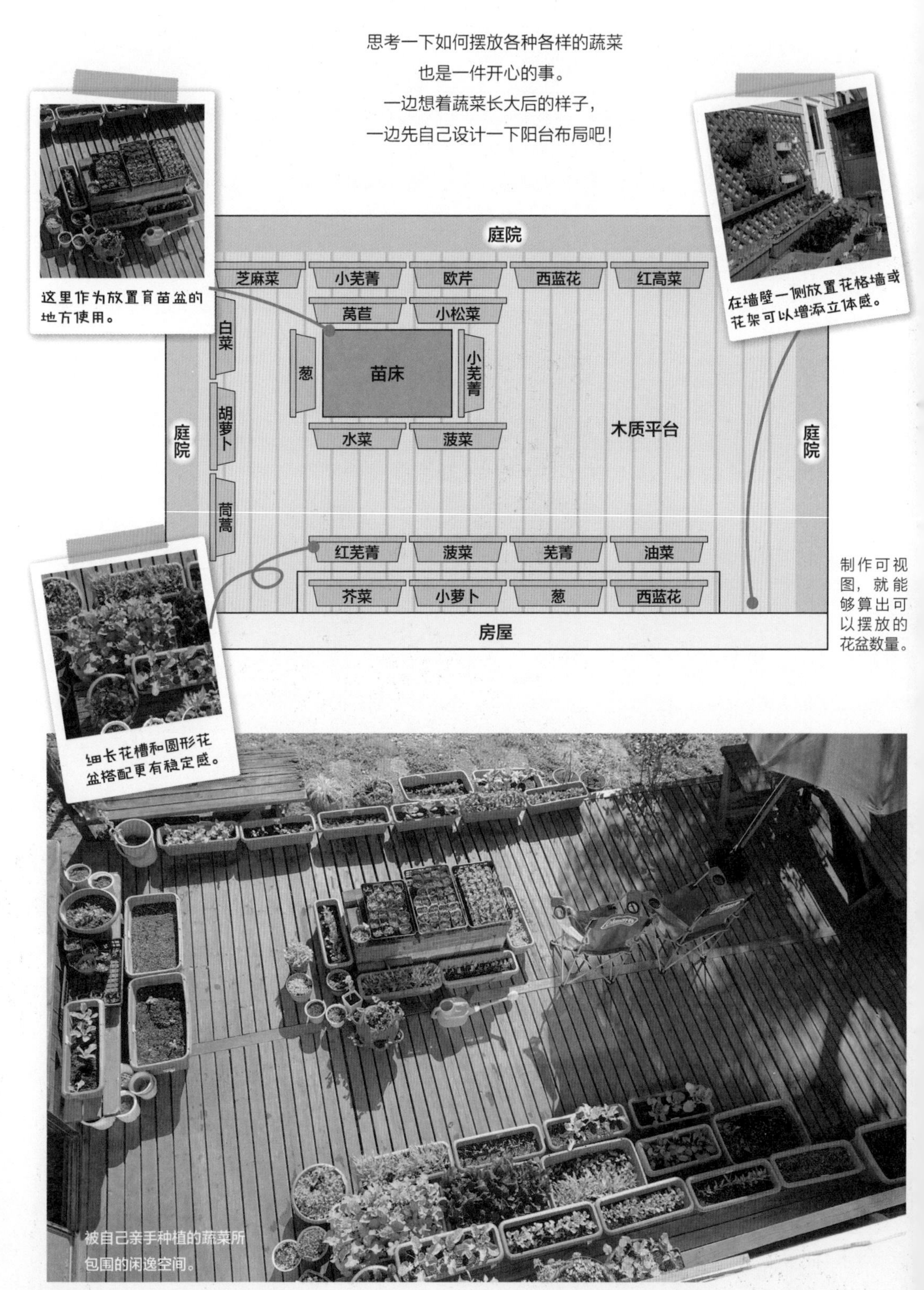

这里作为放置育苗盆的地方使用。

在墙壁一侧放置花格墙或花架可以增添立体感。

细长花槽和圆形花盆搭配更有稳定感。

制作可视图，就能够算出可以摆放的花盆数量。

被自己亲手种植的蔬菜所包围的闲逸空间。

在阳台上种菜的注意事项

即使是阳光充足的南向阳台，由于位置和放置方法的不同，也可能会不适合栽培或会产生安全隐患。在此，为大家详细介绍一下在阳台上种菜时必须注意的事项。

在大门口可以放置种有莴苣、意大利芹和芝麻菜的花盆等。

种有水菜的花槽和栽有草莓的花盆等。

在大门口

大门口也是摆放花盆的好地方。像装点花卉一样好好地摆放一下吧！但是由于大多数人家的大门口都在相对背阴处，所以建议种植即使光照时间短也能生长的绿叶蔬菜。看到满眼翠绿色相连的门口，那种清爽感肯定会让每一个到访的人都心情舒畅。

在大门口种菜的注意事项

大门口也是迎接客人进入的地方。要记住种菜不仅仅是为了收获，也是为了让客人看到后心情愉悦。比起那些长得高或藤蔓长等观赏性较差的蔬菜，把在浅花盆里也能生长的绿叶蔬菜种到不同形状的花盆里将会更加赏心悦目。另外，建议摆上一个迎宾悬挂花盆。

在厨房和客厅

除了室外，在厨房和客厅也可以用花盆种菜。不如从自己在家的时候最常待的地方开始种菜吧！如果厨房里有香草或嫩菜芽，那么就可以从眼前的花盆里摘几片放到料理里了。

把嫩菜芽、香草和嫩叶等放在厨房里，做饭的时候就可以马上摘几片用。

嫩菜芽在客厅里也可以茁壮生长。

把迷迭香放在室内就可以尽享清香。

在厨房或客厅种菜的注意事项

因为厨房或餐桌是摆放食物的地方，所以要注意卫生问题。除了不要让土撒出来，还要进行精心的卫生管理，以免虫害侵袭。

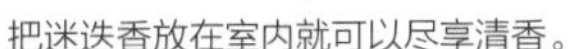

偶尔把窗边的蔬菜搬到室外见一下阳光比较好。

在阳光充足的窗边，大多数蔬菜都可以种植。

在窗边

如果是阳光直射多个小时的明亮的窗边，即使在室内也可以种菜。比起观叶植物，还是把蔬菜作为室内装饰的一部分好好摆放吧！另外，为了遮挡盛夏的阳光，建议让苦瓜藤在窗外攀爬，形成绿色的“窗帘”。

窗边放置的芝麻菜、沙拉菜和生菜。

在窗边种菜的注意事项

最大的问题就是水和土容易向四周飞溅，特别是浇水的时候，不管多么小心谨慎，多多少少都会溅出一些水来。建议在浇水的时候把花盆搬到外面！

享受混栽的乐趣

为了高效利用空间有限的阳台，建议在一个花盆或花槽里混合栽种多种蔬菜。像插花一样，做出一个美丽的造型！

把长得高的叶葱放在中间，两边栽上芝麻菜和红莴苣。

在绿芥菜的旁边种上芽甘蓝和意大利芹可以增添立体感。

在拥有 6 个种植孔的草莓盆里混栽了 19 种香草，色彩鲜艳无比。

在草莓盆里混栽上迷迭香或薄荷等香草。

混栽的方法

混栽成功的关键在于使用育苗盆，等幼苗长大到一定程度再把其移植到大花盆里。需要根据幼苗长大后的大致大小来混栽。使用草莓盆或仙人掌盆等有多个种植孔的花盆会比较方便。

需要准备的东西：

- 高约 16cm 的浅花盆
- 盆底垫网
- 盆底石
- 营养土
- 叶葱苗
- 芝麻菜苗
- 红莴苣苗

1

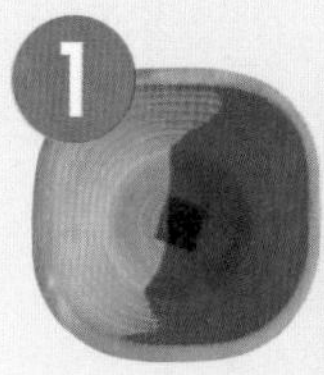

在盆底放上垫网，铺好有利于排水的盆底石，在其上面倒入半盆营养土。

2

种植菜苗的顺序可以从长得高的植物开始。这次，把叶葱苗放在了中间。确定好位置后，在其周围覆上土。

3

把芝麻菜苗和红莴苣苗适当地放置在中间的叶葱苗周围。

4

放置好所有的菜苗之后，留出 2 ~ 3cm 的浇水空间，在菜苗周围覆上土。种好之后，浇足水。

5

菜苗长大开始混杂的时候，可以适当间苗。间苗菜可以用来做沙拉。

6

1 个月左右后，菜苗茁壮生长，渐渐看不到土壤了。根据需要逐次采收吧！

第二章　享受厨房的乐趣

用自己种的蔬菜或水果做菜

是一件快乐的事情 。

比起名厨名家做的菜肴，

还是用自己亲手种的蔬菜或水果

亲自做出来的菜肴更觉美味吧！

为了把你引以为豪的蔬菜或水果做得更加好吃，

来挑战一下各种各样的菜谱吧！

分量十足的小番茄米饭沙拉、蔬菜沙拉、草莓挞，烹调一下自己种的蔬菜或水果，味道格外好哦！

以罗勒为配菜的玛格丽特比萨、水菜鸡胸肉沙拉、炒甜椒拌洋葱汁等，是丰盛的健康食谱。

美味蔬菜沙拉

如果想尝尝自己刚刚采摘的蔬菜，首选还是做沙拉！你可以毫无顾虑地享用新鲜蔬菜本身具有的清脆口感和美味。

毫无顾虑地享用蔬菜大餐

营养蔬菜沙拉

只要将富含 β－胡萝卜素、维生素 C 和钾的胡萝卜和菜花等果菜和根菜放入微波炉中加热即可。制作温热蔬菜简单方便，让你立刻就能享用丰盛的蔬菜大餐。使用奶酪粉调制出醇厚的味道是其美味的秘诀。

混合了奶酪粉、橄榄油、酱油和醋的调味汁。

材料［2 人份］

西蓝花	1/2 棵
菜花	1/2 棵
胡萝卜	1/2 根
芜菁	1 棵
酱油	1 小匙
醋	2 小匙
橄榄油	1 大匙
奶酪粉	1 大匙

做法

把分成小朵的西蓝花、菜花和切成不规则形状的胡萝卜，以及切成块的芜菁放入微波炉（500W）中加热 3 ~ 4 分钟。盛入器皿，加入混合了酱油、醋、橄榄油和奶酪粉的调味汁，拌匀即可食用。

胡萝卜中具有美容养颜效果的 β－胡萝卜素含量丰富。

番茄和黄瓜是夏天的经典蔬菜。

夏季蔬菜拌米饭，让沙拉分量大增

小番茄米饭沙拉

把小番茄和黄瓜等鲜嫩的夏季蔬菜和米饭拌在一起，组成一道分量十足的沙拉。这是一道清爽的夏季菜肴。

材料［2 人份］

米饭	2 碗
小番茄	8 ~ 10 个
黄瓜	1 根
洋葱	1/2 个
生菜	适量
盐	1/2 小匙
醋	1 大匙
黑胡椒粉	适量

做法

在切碎的洋葱上加入盐和醋搅拌，然后再放入切成小块的小番茄、黄瓜和微热的米饭搅拌，撒上黑胡椒粉就做好了。建议把生菜铺在盘子上之后再装盘。

黄瓜具有利尿的功效。

收获后的红薯放置 2 ~ 3 周更甜。

毫无违和感的沙拉

红薯苹果沙拉

把膳食纤维含量丰富的红薯作为沙拉来品尝的一道菜。苹果的酸甜和红薯的松软是其无法阻挡的魅力。

材料［2 人份］

红薯	1 个
苹果	1/2 个
蛋黄酱	2 大匙
咖喱粉	少许
牛奶	1 大匙
盐	少许
胡椒粉	少许

做法

把切成 1.5cm 厚的红薯块煮一下，待其松软后用笊篱捞起，放入少许盐和胡椒粉。将苹果切成比红薯小一点的块，然后和红薯块一起放在盘中，再加入蛋黄酱、咖喱粉和牛奶做成的调味汁，搅拌均匀就做好了。

水菜中含有丰富的 β－胡萝卜素，具有抗氧化作用。

“咔嚓咔嚓”的口感是其无与伦比的魅力

水菜鸡胸肉沙拉

一道可以尽情享受水菜清脆口感和小萝卜艳丽色泽的健康沙拉。芥末的辣味成为恰到好处的点缀。

材料 [2 人份]

水菜	1/2 棵
鸡胸肉	3 块
小萝卜	3 ~ 4 个
酒	1 小匙
芥末	1/2 小匙
蛋黄酱	2 大匙
盐	少许
胡椒粉	少许

做法

将撒上酒、盐和胡椒粉的鸡胸肉放入微波炉（500W）中加热 2 分钟，放凉之后撕成细丝。然后和切至 4 ~ 5cm 长的水菜及切成薄片的小萝卜一起放在碗中，加入芥末、蛋黄酱搅拌就做好了。

除了严寒时节，一年之中都可以种植水菜，栽培也十分容易。

还未长大的嫩叶柔软美味，可以做成沙拉品尝。

配以柠檬汁，口感清爽宜人

酥脆培根菠菜沙拉

菠菜的耐寒性极强，是寒冷季节珍贵的绿叶蔬菜。

如果要把菠菜做成沙拉，采摘还未长大的幼苗食用会格外柔软美味。将其和炒至酥脆的培根搅拌，并配以柠檬汁，口感清爽宜人。

材料 [2 人份]

培根	2 块
菠菜	1 棵
蒜	1 瓣
橄榄油	2 大匙
柠檬汁	适量
盐	少许
胡椒粉	少许

做法

蒜切成末。用橄榄油煸炒一下蒜末，待香味溢出后放入切至 1cm 宽的培根片，炒至酥脆为止。趁热与已经用盐、胡椒粉和柠檬汁拌好的并盛于盘中的菠菜叶搅拌即可。

含苦味成分的苦瓜蛋白具有助消化的作用。

微苦的味道具有夏季解暑的功效

苦瓜凤尾鱼沙拉

品尝新鲜苦瓜做成的苦味沙拉大餐吧！油炸豆腐的酥脆口感与凤尾鱼醇厚的味道完美结合。

材料 [2 人份]

苦瓜	1/2 个
油炸豆腐	1 块
凤尾鱼	2 只
芥末粒	1/2 小匙
醋	1 大匙
橄榄油	2 大匙
盐	少许
胡椒粉	少许

做法

把苦瓜切成 2 ~ 3cm 厚的月牙形，撒上盐腌一下，然后和沥水后切成 3cm 厚的块状且已在烤箱中烤至酥脆的油炸豆腐一起装盘。再放入用切碎的凤尾鱼、芥末粒、醋、橄榄油、盐和胡椒粉制成的调味汁，拌匀即可食用。

用各种各样的苦瓜来试一下吧！

甜椒的特点是果肉肥厚且带有甜味。

微甜多汁

杏鲍菇炒甜椒

果肉肥厚且颜色鲜艳的甜椒尤其甘甜多汁。把它和清脆爽口的杏鲍菇一起炒，并和微辣刺激的洋葱汁搅拌，吃起来会格外美味哦！

可以使用已熟透的红椒。

材料 [2 人份]

甜椒	2 个
杏鲍菇	2 个
洋葱	1/4 个
芥末粒	1/2 大匙
醋	1 大匙
橄榄油	3 大匙
白糖	1/2 大匙
盐	少许
胡椒粉	少许

做法

洋葱切成末。在烤架上把切成 1.5cm 宽的甜椒和撕成细丝的杏鲍菇烤 5 ~ 6 分钟。趁热放入用洋葱末、芥末粒、醋、橄榄油、白糖、盐、胡椒粉制成的洋葱汁搅拌就做好了。

奢侈香草大宴

使用罗勒、柠檬草等香草来制作口味丰富的意大利风味菜肴吧！正因为是自己种的，所以可以大量使用。光是这一点，也足以令人欣喜不已。

罗勒中富含可以提高人体免疫力的 β－胡萝卜素！

绿色、白色、红色搭配在一起鲜艳美观

玛格丽特比萨

玛格丽特比萨被认为是那不勒斯的代表性比萨。据说由意大利王妃玛格丽特亲自命名，是一道历史悠久的菜肴。而且，罗勒的绿、乳酪的白、番茄的红正好代表了意大利国旗的颜色。

材料［2人份］

比萨饼	2张
小番茄	5个
洋葱	1/2个
乳酪	80g
蒜	1瓣
橄榄油	2大匙
罗勒叶	适量
盐	少许
胡椒粉	少许

做法

洋葱切成末。在平底锅中放入橄榄油和蒜瓣煸炒。蒜瓣的香气溢出后，放入洋葱末炒匀，再放入用开水烫过并切成小块的小番茄翻炒。待其呈黏稠状后，加入盐和胡椒粉调味，番茄酱就做好了。在买来的比萨饼上涂上番茄酱，撒上乳酪和罗勒叶，在200℃的烤箱中烤制15分钟左右，比萨就做好了。

扁豆富含 β-胡萝卜素。

罗勒清香醇厚的味道非常迷人

扁豆青酱意面

如果把含有罗勒碎的青酱事先做好放起来，就可以将其作为调料用于各种各样菜肴的制作，非常方便。无论是涂在吐司上，还是用作沙拉调料都非常美味，但是说到经典，非青酱意大利面不可。这次，把富含 β-胡萝卜素的扁豆作为配菜来使用。

材料［2 人份］

扁豆	50g
意大利面	160g
罗勒	40 ~ 50g
松子	30g
奶酪粉	30g
橄榄油	1 勺
盐	少许
胡椒粉	少许

做法

首先把炒好的松子和罗勒、奶酪粉、橄榄油、盐、胡椒粉放在搅拌器里制作成青酱（即罗勒酱）。做好之后倒入碗中，加入煮好的意大利面和已经煮了 10 分钟且切成段的扁豆搅拌，然后加盐、胡椒粉调味即可。

富含维生素 C，预防感冒。

酸辣可口的成人口味

甜椒柠草咖喱饭

用红咖喱酱把甜椒做成一道泰式风味浓厚的特色菜吧！柠檬草的清香也是极好的点缀。

材料［2 人份］

甜椒	2 ~ 3 个
柠檬草	1 棵
猪肉（切块）	300g
红咖喱酱	20g
椰奶	100ml
蒜	1 瓣
鱼露	1 大匙
色拉油	少许
白糖	少许

做法

蒜切成末。在平底锅中放入色拉油，煸一下蒜末。闻到香味后放入猪肉块炒一下，接着放入切细的甜椒继续翻炒。然后，放入稀释过的红咖喱酱、椰奶和切成 10cm 大小的柠檬草煮一下。用鱼露和白糖调味。吃之前把柠檬草取出丢掉即可。

水果蛋糕和点心

如果自家露天平台或阳台上的草莓或蓝莓等结出了果实，一定会让你高兴不已吧！好好利用这些果实做几道超级美味的甜点吧！

草莓的收获季是 5 ~ 6 月份，这个时节收获的草莓又甜又大。

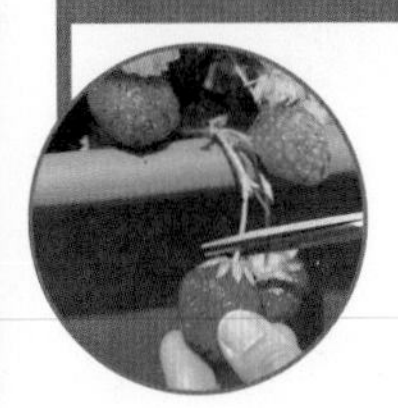

草莓盛宴

草莓挞

草莓挞可以让你尽情享用甘甜的草莓。在松软的挞皮上摆满草莓，是一道美味又美观的甜点。

材料 [18cm 的挞模型]

草莓　20 ~ 30 个

挞皮

低筋面粉　80g
黄油　50g
白糖　25g
蛋黄　1 个

蛋奶羹

牛奶　100ml
蛋黄　1 个
白糖　20g
黄油　50g
低筋面粉　20g

鲜奶油

纯奶油　100ml
白糖　15g

做法

把黄油和白糖放入搅拌机中搅拌，待其变得柔滑后，加入低筋面粉和蛋黄继续搅拌。做好面团后，包上保鲜膜，抻开面团，放入冰箱冷藏。面团冷却后，将其压入挞模型，在烤箱（180℃）里烤制 20 分钟左右，成型。在其表面涂抹用牛奶、蛋黄、白糖、黄油、低筋面粉制成的蛋奶羹和用纯奶油、白糖制成的鲜奶油，再用草莓装饰即可。

草莓适合在通风和光照俱佳的位置生长。

具有抗衰老和抑制癌症功效的多酚含量丰富。

加入柠檬汁和蜂蜜后，美味升级

葡萄冰沙

由于葡萄富含具有抗氧化功效的多酚和提供热能的葡萄糖，所以被称为“田野里的牛奶”。多用些葡萄做一杯葡萄冰沙吧！

材料［2人份］

葡萄	200g
酸奶	100g
牛奶	500ml
柠檬汁	1小匙
蜂蜜	1大匙
薄荷叶	少许

做法

把葡萄皮用热水烫掉（去皮方法详见下面的提示栏），去籽后冷冻起来。然后和酸奶、牛奶、柠檬汁、蜂蜜一起放入搅拌器中搅碎即可。最后撒上几片薄荷叶。

葡萄的去皮方法

把葡萄放入沸腾的热水中，仅需20秒即可轻松去皮。将其从热水里捞出，淋上过滤水后，皮很容易就能剥落。这个方法不会损伤葡萄的新鲜口感，一定要试一下哦！

因为吃蓝莓的时候皮和籽也会被一起吃掉，所以其营养价值要比其他水果高。

尽情享用营养丰富的蓝莓

蓝莓小松饼

蓝莓富含具有消除眼疲劳功效的花青素，其对骨质疏松症的预防也有效果。这款甜点是把营养丰富的蓝莓做成小松饼。

材料［2人份］

蓝莓	50g
面粉	80g
鸡蛋	1个
布丁粉	3g
黄油	50g
白糖	40g
牛奶	40ml

做法

把黄油放入碗中搅拌至顺滑。一边放入白糖一边搅拌至其松软。放入鸡蛋，在发泡器中搅拌均匀后，用勺子慢慢地加入面粉、布丁粉和牛奶搅拌，最后放入蓝莓。将其压入模型中，在烤箱中（180℃）烤制30分钟左右即可。

第三章　蔬菜、香草和果实类作物的种植方法

学习了简便的种菜方法（Part1）、

享受了厨房的乐趣（Part2）之后，

终于可以开始种菜了。

蔬菜种类不同，种植的方法也大不相同。

但是只要好好学习基本方法，

谁都可以轻轻松松地种出好吃的蔬菜。

美味易种的
9 种人气蔬菜

第一次用花盆种菜的话，建议选择好吃又好种的蔬菜。首先，从高人气的 9 种蔬菜开始种植吧！

生菜

沙拉必备的人气蔬菜

第一次种菜的话，建议种植常用作沙拉且广受欢迎的生菜。以色泽艳丽的红生菜和柔软且容易烹调的叶生菜为主，尝试一下种植各种各样的生菜吧！

科名	菊科
植株大小	宽 20 ~ 40cm、高 20 ~ 40cm
播种	3 月下旬 ~ 5 月、9 月上旬 ~ 10 月上旬
种植幼苗	4 ~ 5 月、9 ~ 10 月
收获	5 月中旬 ~ 7 月、11 月 ~ 12 月下旬

虽然都统称为生菜，但其实生菜分为很多种。通常提起的生菜一般是指结球型的圆生菜，不结球的类型被称为叶生菜，其中紫红色的叶生菜被称为红生菜。由于从种子开始种植圆生菜有点难度，所以如果是第一次尝试，建议种植叶生菜。

如果是半结球型生菜，种上生菜苗后，1 个月左右就可以采收了。

营养与健康

预防贫血　预防高血压

生菜中含有大量钾，可以促进钠离子排出体外，有助于预防高血压。和圆生菜相比，红生菜的营养价值更高。红生菜中富含可以预防贫血的铁和骨骼发育必需的钙及维生素 K 等营养成分。

使用球团种子更方便

生菜的种子特别小而且不易播撒，因此经常会由于种子播撒过多而导致一个地方冒出很多芽，被雨水冲走或被蚂蚁搬走也是常事。球团种子采用纯天然的粉末固定多粒种子，很好地解决了播撒难的问题。其大小可以用手捏起来，采用等距离播撒的方法，简单方便且发芽率高，很适合初学者使用。

生菜的同类作物

叶生菜

不结球型生菜，也被称为叶生菜。

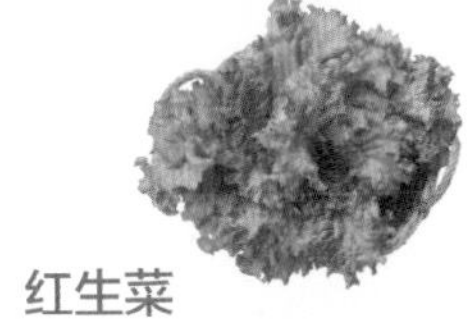

红生菜

叶生菜的一种，呈紫红色。

沙拉菜

口感柔软，最适合做三明治。是不完全结球型生菜。

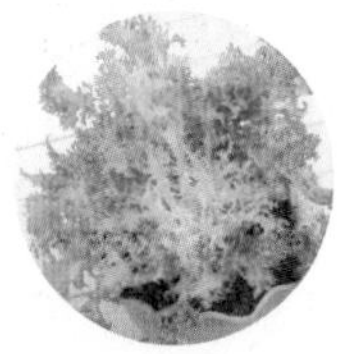

菊苣

味道微苦。绿色浓重的菊苣尤其苦。

生菜的种植方法

从种子开始种植

生菜是一种从种子开始种植难度较大的蔬菜。因此，大多数人都会选择购买生菜苗。但如果要大量种植，仍然建议从种子开始。好好留心适宜生菜发芽的温度和覆土方式，挑战一下吧！

播种

可以把种子直接撒到花盆里，也可以撒到育苗盆里之后再定植。由于品尝间苗菜也是一大乐趣，所以直接撒到花盆里的时候建议多撒一些种子。需要注意的是，播种之后不可以覆太多土。只需轻压一下土，使种子埋在土里即可。浇水的时候，如果直接用喷壶浇水会把种子冲走，建议使用喷雾器。

如果是叶生菜，从种子开始种植非常简单。用木棍压出沟槽即可播种。

能够固定多粒种子的“种子球”播撒方便，推荐使用。

间苗

发芽后，从长得混杂的地方开始间苗。长出真叶后进行第一次间苗，长出 3 ~ 4 片真叶后进行第二次间苗。间苗之后培土，以免幼苗摇摆。长出 5 ~ 6 片真叶后进行最后一次间苗。40cm × 17cm 的花盆里只需留 2 ~ 3 棵即可。间苗菜可以做成沙拉，美味可口。

好想把间苗菜做成沙拉尝一尝啊！

注意发芽的最佳温度！

需要注意的是发芽的最佳温度。生菜的种子只有在 16 ~ 20℃的凉爽气温下才会发芽。需要谨记的是，如果结球期温度达到 23℃以上，它将无法顺利结球。

不要在种子上撒太多土！

生菜的种子属于发芽期需要光照的喜光性种子，因此，播种之后如果撒上了太厚的土，种子将很难发芽。只需薄薄地撒一层土，轻压一下，使种子埋在土里即可。

育苗

在育苗盆里培育生菜苗的时候，等长出 5 ~ 6 片真叶后，就要让生菜苗吸饱水，然后定植。从育苗盆中拔出生菜苗栽种时，尽量不要破坏根周围的土壤。如果栽得太深，生菜会容易得病，建议栽得稍浅一点。

种植幼苗

准备长 40cm、深 15cm 以上的花盆和 10kg 左右的土，定植生菜苗（2 ~ 3 棵）。

请选择深度为 15cm 以上的花盆。40cm 长的花槽里，可以栽种 2 ~ 3 棵生菜苗。

请注意，用从育苗盆里拔出的幼苗进行定植时，不要破坏根周围的土壤。生菜苗的根部应在距离花盆边缘 2 ~ 3cm 的位置。

追肥

栽上生菜苗 2 周后进行第一次追肥，结球前进行第二次追肥。如果肥料和光照不足，圆生菜就不会结球。所以，在保证不缺肥的同时，还要将其放置在光照充足的地方。

收获

如果从上往下压，发现圆生菜已经牢牢地缠在一起，这就说明已经到了收获的最佳时期，齐根割下即可。生菜是比较耐寒的蔬菜，只要架上塑料棚就可以安全过冬。但圆生菜不耐高温，夏季暴晒后容易得软腐病。除了寒冷地区，尽量避免在春季种植圆生菜。而叶生菜不易得病、容易栽培，即使在春季种植也没有问题。收获的时候，从下面的叶子开始，逐次采摘。

植株内部长到拳头大小就可以采收了。用剪刀贴着土面齐根剪下即可。

何谓喜光性种子？

是不是很多人都认为“播种之后覆土”是种菜的常识？但是，有的种子（喜光性种子）却因为覆土后见不到阳光而无法发芽。除了在此介绍的生菜，胡萝卜、紫苏、茼蒿、小松菜等也具有这种特性。这些植物在播种之后，一定不要撒太厚的土。其他植物在播种时，覆土厚度一般为种子大小的 2 ~ 3 倍，体积小的种子只需撒上 5mm 左右的土即可。

好想尝到更美味的生菜！

口感清脆的生菜是制作沙拉不可缺少的人气食材。虽然大多数人都选择生吃生菜，但是偶尔煮一下味道也不错！煮过的生菜苦味消失，甜味增加，和其他食材搭配后更加美味。

美味食谱推荐

涮生菜

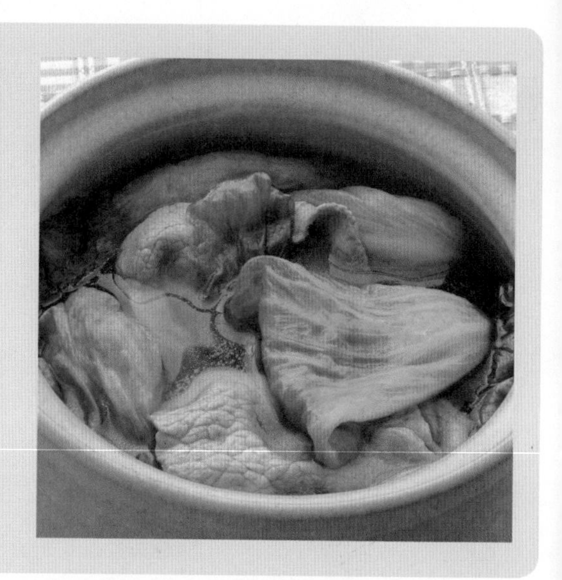

材料［2人份］

圆生菜	1个
猪肉片	400g
煮汤用的海带	适量
蘸料	适量

做法

在煮过海带的汤汁中加入已撕成可食用大小的生菜和涮锅用的猪肉片，一道可以涮着吃的、超级简单的料理就做好了。蘸上喜欢的蘸料，大吃一顿吧！

美味食谱推荐

生菜炒饭

材料［2人份］

生菜	1～2个	清汤	适量
米饭	2碗	盐	适量
鸡蛋	2个	酱油	适量
火腿	2根		

做法

把火腿切成小片，和鸡蛋一起放入平底锅里轻轻翻炒，再加入米饭翻炒。待其入味，放入生菜碎，快炒出锅。除了火腿，还可以放各种各样的食材。

生菜的保存方法

生菜在常温下放置，一天就会变色。如果想让它的保存时间长一点，需要放到冰箱里。此时，只要再稍微花点功夫，生菜的保存时间还可以更长。在放入冰箱之前先将生菜在50℃的水中浸泡几分钟，沥干水分后包上保鲜膜，再放入冰箱保存，这样就可以保证一周之内吃到的生菜都是新鲜的。

芝麻菜

容易栽培的芝麻风味的沙拉菜

以类似芝麻的香味和刺激性的辣味为特色的沙拉类蔬菜。建议生吃其新鲜的嫩叶。由于从种子开始种植芝麻菜十分简单，所以多撒些种子，在品尝间苗菜的同时享受栽培的乐趣吧！芝麻菜乳黄色的花也可以食用。

科名	十字花科
植株大小	宽 10 ~ 15cm、高 10 ~ 20cm
播种	3 月 ~ 7 月上旬、9 月 ~ 10 月上旬
收获	5 月 ~ 8 月中旬、9 月下旬 ~ 11 月中旬

芝麻菜的英文名为 Garden Rocket。不仅可以做沙拉生吃，还可以撒在比萨上或作为肉菜的配菜，用途广泛。其芝麻的香味和类似芥末的辣味恰到好处地点缀了菜肴，在蔬菜中的人气不断提升。栽培方法简单。播种后，1 个月左右就可以采收。

芝麻风味是其特色之一。

营养与健康

美白肌肤　预防癌症

芝麻菜的辣味和芥末的辣味一样，是一种被称为“异硫氰酸烯丙酯”的成分。它不仅具有抗菌作用和预防血栓的功效，还可以美白肌肤和预防癌症。另外，由于其维生素 C 的含量是菠菜的 2 倍左右，所以美白肌肤的效果十分显著，还有助于预防感冒。

芝麻菜是催情剂吗？

在古罗马时代，芝麻菜被认为具有催情的功效。据说，克利奥帕特拉（埃及艳后）就喜好食用芝麻菜，不过该传言的真假无法确定。虽然其功效的真假难以确定，但也许是因为芝麻菜的种子具有强身健体的作用，所以人们就做了如此联想吧！而且，欧洲自古以来就有煎种子以制作香草茶饮用的习惯。

好想尝一尝芝麻菜的花！

一旦芝麻菜长出了花芽，腋芽就会一个接一个地冒出并长成花芽。建议在花芽刚开始长的时候就摘下食用。芝麻的香味里蕴含着淡淡的甘甜，美味极了。花还可以和叶子一样做成沙拉品尝。

芝麻菜的种植方法

播种

由于芝麻菜的间苗菜和嫩叶都可以做成沙拉，所以建议多撒些种子。在尽量均匀不重复地播撒完种子后，薄薄地覆上一层土（厚 3 ~ 5mm），盖住种子。用手掌轻压之后，用喷水壶缓缓浇水。

种子之间的间隔以1cm左右为宜。为了能采摘到间苗菜，建议散播。

间苗和加土

长出 2 片真叶后开始第一次间苗，长出 4 ~ 5 片真叶后进行第二次间苗，确保最终株距在 5 ~ 10cm。间苗之后，加土固定，防止幼苗倒伏。间苗的时候可以施液肥。

发芽之后间苗，防止叶子碰触在一起。

即使用很小的容器，也可以享受种菜的乐趣。

收获

等芝麻菜长到 10cm 左右的高度，从外侧叶子开始逐次采收，能采摘很长一段时间。

温度变高之后，芝麻菜就会抽薹，所以要尽早采摘。

及早割掉花茎！

春播之后，随着天气变暖，芝麻菜会开始抽薹，所以需要抓紧时间采摘。另外，如果先把花茎割掉，会稍微延长收获时间。

美味食谱推荐

好想尝到更美味的芝麻菜！

芝麻菜拌饭

材料［2 人份］

芝麻菜 30 ~ 50g
米饭 2 碗
盐 适量

做法

只需把切成末的芝麻菜加盐后与米饭搅拌即可。食用风味独特的芝麻菜时，只有尽量保持其原汁原味，才会更好吃。根据个人口味，可以加入蒜、姜和橄榄油等调味。

罗勒

让餐桌变华丽的香草之王

又被称为甜罗勒或兰香，是唇形科一年生草本植物。生叶或烘干后的叶子可以用作菜肴的调料。由于其栽种简单且不易被病虫害侵袭，所以是一种非常适合初学者种植的香草。

科名	唇形科
植株大小	宽 30 ~ 50cm、高 40 ~ 80cm
播种	4 月
种植幼苗	5 月中旬 ~ 9 月
收获	6 ~ 11 月

拥有淡淡甜香的罗勒是意大利菜中不可缺少的香草之王。它和番茄、奶酪的搭配堪称完美。仅仅撒几片叶子在沙拉或意大利面上，立刻会让人有种耳目一新的感觉。收获期较长，能一直采摘到秋天。

即使摘下主枝顶端的叶子，侧枝也会不断地长出新叶子，可以重复采摘。

营养与健康

抗衰老　镇静作用

罗勒最大的特点就是含有丰富的 β－胡萝卜素，它不仅可以增强免疫力，还具有保护人体不受活性氧侵害的抗氧化作用及预防癌症的功效。罗勒的维生素 E 含量丰富，有助于延缓衰老。此外，罗勒的香气具有镇静作用，可以使人放松。

对于防止虫害也有效果

因为罗勒中含有的桉叶油具有防虫效果，所以它也可以作为间作作物栽种。如果在番茄边上种上罗勒，就可以防止害虫入侵，促进植株生长。在欧洲，有时会把罗勒作为除虫剂种在窗边。

保存方法

直接冷冻后，罗勒的叶子会马上变黑。要想保留其颜色和风味，首选是使用烘干机烘干。用餐纸把罗勒叶包起来再放进去烘干的话，叶子就不会变黑了。可以用 500W 的烘干机加热 2 ～ 3 分钟，鲜绿又干燥的罗勒就做好了。

有柠檬或肉桂香气的罗勒！

谈起罗勒，酸甜、微辣和独特的香味是其主要特征。通常提到的罗勒都是散发着香气的甜罗勒，其实还有散发着柠檬香的柠檬罗勒、散发着肉桂香的肉桂罗勒等香气各异的罗勒。另外，叶子的颜色除了绿色，还有深紫罗勒那样的紫红色。

罗勒的种植方法

播种

由于罗勒不耐寒，而且叶子遇霜就会腐坏，所以建议等到气温转暖后再播种。株距保持在 20cm 左右，在 1 个穴里播撒 4 ~ 5 粒种子。发芽后间苗，保证 1 穴 1 苗。

种植幼苗

罗勒的适宜生长温度是 25 ~ 30℃，因此从温暖的 5 月中旬开始就是种植罗勒苗的最佳时期。这个时候，园艺店也会有大量的罗勒苗上市，买几棵回来栽上就行。在小花盆里种植的时候必须摘心，以免植株长得过大。

在 7 号左右的小花盆里也可以栽种。定植的时候不要破坏幼苗盘在一起的根。

等气温转暖之后再种植罗勒苗！

罗勒耐寒性差，一定不要过早种植。建议最后一次霜冻后再种植。

及早摘掉花芽！

罗勒长到一定大小之后，会抽出花穗，开出白色的花朵。因为开花之后植株的长势就会变弱，所以长出花芽后，要及早摘掉。摘下的花芽或花穗香气浓郁，做成沙拉，味道极好。

收获

种上幼苗 2 ~ 3 周之后就可以根据需要采摘罗勒叶了。即使把茎截掉一半，腋芽也会立刻冒出并又长得茂盛起来。因此可以持续采收很长时间。

等罗勒长到 20cm 左右的高度，就可以采收了。把主枝顶端剪去 10cm，保留其余叶子。花芽长出之后要及早摘掉。

美味食谱推荐

好想尝到更美味的罗勒！

罗勒酱

材料

罗勒叶	30g
蒜	1/2 小瓣
松子	60g
意大利干酪	25g
盐	少许
橄榄油	2/3 勺

做法

把蒜、松子、磨碎的意大利干酪和盐放入食物处理器（或搅拌器）中，加入橄榄油搅拌 1 分钟左右。待搅成顺滑的糊状后，加入罗勒叶碎，搅拌 1 分钟左右，使其再次成为顺滑的糊状。如果不立即使用，就放入瓶子里，再倒入可以覆盖住表面的橄榄油，放入冰箱保存即可。

保存的时候以橄榄油代替瓶盖密封，以隔绝空气。

紫苏

尽享一直持续到秋天的清香

传说，中国东汉末年的名医华佗曾经用红紫苏救活了一个因为食物中毒而濒死的年轻人。因其是紫色的药草，又能够起死回生，所以取名为紫苏。紫苏具有良好的药效，非常值得栽种一些来食用。

科名	唇形科
植株大小	宽 20 ~ 100cm、高 30 ~ 200cm
播种	4 月
种植幼苗	5 ~ 6 月
收获	7 ~ 10 月

如果在 4 月份播种，就可以一直收获到秋天，这也是种植紫苏的一大魅力所在。摘 2 ~ 3 片大叶放到沙拉里，清爽的香气就会飘满整个餐桌，让人的心情无比舒畅。亲手种一些制作梅干不可缺少的红紫苏吧！

按需采摘的话可以采收很久。

营养与健康

治疗花粉症　镇静作用

紫苏中含有被称为再生成分的植物化学物质。其中尤其引人注目的是一种类黄酮——木犀草素。因为它可以有效缓解过敏症状，所以对于花粉症等过敏性鼻炎有治疗作用。β－胡萝卜素含量丰富。紫苏的清香和紫苏醛成分不仅有抗菌作用，还具有镇静作用，有助于防止焦躁。

紫苏一直作为中药使用！

紫苏在中医医学界被称为“苏叶”，它可以与改善失眠症和神经性胃炎的处方药——半夏厚朴汤搭配使用，具有消除郁闷情绪的作用。除了可以做生鱼片的配菜，还可以用在各式各样的菜肴上，让你充分享受其美味。

薄荷也是紫苏的同类作物

拥有薄荷脑清香的薄荷实际上也是紫苏的同类作物，它是紫苏科薄荷属的多年生草本植物，叶子的形状与大叶相似。薄荷和紫苏一样，具有让人放松心情的功效。

紫苏的同类作物

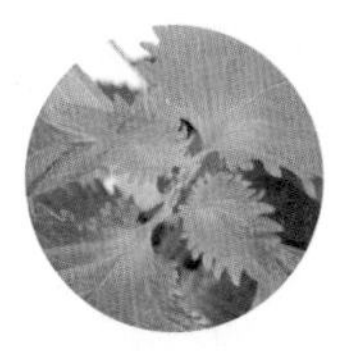

大叶

即青紫苏。为了和紫苏的芽区别开来，其叶子被称为“大叶”。大叶是有香味的蔬菜，可以用作生鱼片的配菜。

红紫苏

一般用来给梅干上色。烘干之后可作为调料食用，美味可口。

紫苏穗

花开之前的花穗可以用作装饰生鱼片的配菜。除了欣赏，还可以摘几朵品尝，其口感和香气也令人难以忘怀。

紫苏的种植方法

播种

由于紫苏的适宜发芽温度为 25 ~ 30℃，所以还是等到天气暖和的时候再播种吧！播种之后无须覆土，只要轻压一下即可。在发芽之前一定要保持土壤湿润。

间苗

如果叶子长得太密，就要从长势缓慢的紫苏苗开始间苗，确保最终株距为 10cm 左右。

种植幼苗

在育苗盆里培育幼苗或购买幼苗的话，需要在花槽或花盆里定植。栽种的时候要保持株距在 10cm 左右。

大叶和红紫苏可以种到同一个盆里。种植紫苏苗的时候连苗带土放入花盆中，并与表层土壤齐平。

摘心

为了不让幼苗长得过大，要摘掉主枝的顶端，促进侧枝生长。

摘掉果实，用作明年的种子！

到了冬天，叶子枯萎，仅留花穗。摘掉它的果实，等到春天时播撒，就又会发芽。

收获

等紫苏长到 30 ~ 40cm 的高度，就可以采收了，一片一片地摘下紫苏叶即可。如果一直保留一定数量的叶子，采收期可以持续到秋天。如果长出花芽或花穗，就摘下来尝一尝紫苏花和紫苏果吧！

主枝应及早摘心，以免其长得过长。

美味食谱推荐

好想尝到更美味的紫苏！

红紫苏粉

材料［2 人份］

红紫苏	适量
梅汁	适量
盐	适量

做法

把加过盐的红紫苏放到梅汁中腌渍，来制作红紫苏粉。也可以在风干梅干的时候把红紫苏一起风干，然后将其放入搅拌器中搅碎即可。

米饭的最佳拍档！

芜菁

容易栽培并且在家庭菜园大受欢迎

无论是浅腌，还是曲腌，芜菁大多被做成咸菜食用。清脆的口感，令人回味无穷。虽然其种类丰富，但如果是在花盆里栽培，建议选择直径为 5 ~ 6cm 的小芜菁。

科名	十字花科
植株大小	宽 10 ~ 30cm、高 20 ~ 50cm
播种	3 月下旬 ~ 4 月、9 月 ~ 10 月中旬
收获	5 月下旬 ~ 6 月、10 月 ~ 12 月中旬

芜菁又被称为蔓菁，是春七草之一，由于栽培起来相对容易，所以芜菁也是家庭菜园中广受欢迎的根菜类蔬菜之一。芜菁清脆的口感非常有魅力，而且其叶子部分的营养价值极高，需要充分食用，不可扔掉。

美丽的紫色小芜菁。

营养与健康

促进消化　抗衰老

芜菁的根部含有酵素和淀粉酶，可以分解淀粉、促进消化，是肠胃的“定心丸”。但是，由于加热之后功效会降低，所以建议尽量生吃。芜菁的叶子中不仅含有大量钾和叶酸，还含有维生素 C 和 β－胡萝卜素，具有抗氧化的作用，有助于延缓衰老。所以，食用时不要扔掉叶子哦！

建议种植生长期短的小芜菁

芜菁的生长期根据季节而异。最短的为 40 天，但是到了冬天则需要 100 天左右。就这一点而言，如果种植小芜菁，少则 30 天，多则 60 天也就可以采收了。因此，如果是家庭菜园，建议种植小芜菁。

金町小芜菁

容易栽培且具有代表性的小芜菁。根部直径为 5 ~ 6cm，外皮柔软。

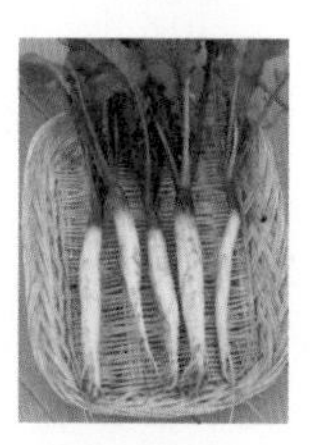

日本芜菁

又细又长，头部为红色，下半段为白色。多用来腌咸菜。

芜菁的种植方法

播种

芜菁种子的发芽率很高，是一种比较容易栽培的根菜类蔬菜。在深 15 ~ 20cm 的花盆里栽种，条播和散播皆可。如果想多采摘一些间苗菜，那就多撒些种子吧！覆上厚 3 ~ 5mm 的土，浇足水。

划出间隔 7 ~ 8cm 的沟槽播种。图为能够固定种子的“种子球”。

间苗和追肥

长出真叶后逐次间苗，确保最终的株距在 8 ~ 10cm。真叶开始长大时，施液肥。另外，如果芜菁缺水，果实就容易出现裂纹，所以一定要勤浇水。

芜菁的保存方法

如果带着叶子保存，水分和养分就会被叶子吸收掉。因此必须尽快把叶子和茎的部分切掉。如果用保鲜膜包好芜菁的根再放进冰箱，就可以保存 1 周左右。把叶和茎切碎，稍微煮过之后，也可以放入冰箱保存。

❗勤浇水，及时采摘！

如果采摘晚了，果实表面就会出现空心洞或裂纹。所以一定要及时采摘，而且要勤浇水！

收获

如果芜菁之间开始互相碰触，就从大个的芜菁开始采摘吧！小芜菁长到直径 5 ~ 6cm，中芜菁长到 9 ~ 10cm 时就可以采收了。如果采摘晚了，芜菁表面就会出现空心洞或裂纹，所以一定要及时采摘。

错过了采摘时间，果实就会出现裂纹，所以一定要及早采摘。

美味食谱推荐

好想尝到更美味的芜菁！

柠味芜菁腌菜

材料［2 人份］

芜菁	2 个	柠檬薄片	2 片
黄瓜	1 根	盐	适量
柠檬汁	1 小匙	白糖	1 小匙
醋	1 小匙		

做法

①芜菁去皮，切成 16 等份的块状。黄瓜纵向切成两半之后斜着切成薄片。把它们都放到碗里，加入 1/2 小匙盐腌一下，放置约 10 分钟。

②在另一个碗里放入柠檬薄片、柠檬汁、醋、白糖后搅拌，然后将做法①的芜菁块和黄瓜片去除水分后加进去好好搅拌，最后用盐调味。

刚做出来的腌菜已经很好吃，腌渍 2 天之后食用会更加美味。

小萝卜

装点餐桌的小型萝卜

又红又圆的樱桃萝卜、红白相间的甜蜜之吻萝卜、迷你的冰柱萝卜，无论是色彩还是形状都各式各样。多种一些不同类型的小萝卜，丰富一下餐桌上的色彩吧！

科名	十字花科
植株大小	宽 3 ~ 10cm、高 5 ~ 20cm
播种	3 月中旬 ~ 5 月中旬、9 月 ~ 10 月下旬
收获	4 月中旬 ~ 6 月中旬、9 月下旬 ~ 11 月

小萝卜也被称为“20 天萝卜”，是一种迷你萝卜。正因为播种后只需要 30 ~ 50 天就可以收获，所以小萝卜是花盆种植中人气很高的根菜类蔬菜。小萝卜的颜色和形状各异，如果同时栽上不同品种，食用时，就可以让沙拉的色彩变得缤纷亮丽。

！及早收获！

如果收获晚了，果实表面就会出现空心洞或裂纹，所以一旦它长到足够大，就赶紧采摘吧！

樱桃萝卜

又红又圆，像樱桃一样的小萝卜。容易栽培又好吃，建议做成沙拉。

外观亮丽又可爱。

美白肌肤　抗衰老

营养与健康

小萝卜和大萝卜一样，含有大量分解酵素和淀粉酶，可以把淀粉转化为糖，促进消化，抑制胃酸过多，缓解胃胀和胃灼热等症状。维生素 C 含量丰富，可以美白肌肤。小萝卜中还含有大量 β- 胡萝卜素，有助于延缓衰老。

真的 20 天就能收获吗？

虽然被称为“20 天萝卜”，但是实际上 20 天就收获是不现实的。夏天最少需要 1 个月，冬天则需要 40 ~ 50 天。在最适宜生长的春天和秋天，也需要 1 个月以上才能长成。

小萝卜的同类作物

甜蜜之吻

这是一种小型萝卜。红白对照，外形美观，口感鲜嫩爽脆。

冰柱

易于烹调、又白又长的小萝卜，最适合做成沙拉或醋腌、盐腌的咸菜。

小萝卜的种植方法

播种

春天和秋天都是适宜播种的季节。在冬天只要架上塑料棚防寒保温，也可以栽种。花盆浅一点没有关系，即使是 10cm 的浅花盆也可以种植。间隔 5cm 左右，用指尖开穴，在每个穴里撒 2 粒种子之后轻轻地覆上土。缓缓浇水，不要把种子冲走。

准备好花盆、土、盆底石、小铲子等。

用宽 1cm 的棍子划出播种的沟槽（建议条播）。

每隔 1cm 撒 2 粒种子，覆土 1cm 左右。

间苗

1 周左右发芽，长出子叶。由于小萝卜的发芽率很高，所以一般情况下 2 粒种子都会发芽。留下茁壮的一棵，另一棵间苗。

长出子叶之后间苗，株距保持在 3 ~ 4cm。

保持适当株距，
不要让叶子与叶
子碰撞。

培土

间苗、加土之后，轻轻地培一下土，防止幼苗倒伏。

给幼苗的根部补足土，防止幼苗倒伏。

浇水

由于发芽前和发芽后的需水量不同，所以浇水时一定要格外留心。发芽前要勤浇水，发芽后要避免过度潮湿，等土壤表面稍微干一点的时候再浇水。

追肥

真叶开始长大后就要追肥了。追肥的时间间隔为 1 周 1 次。建议使用肥效快的液肥。

真叶开始长大后，1 周左右追 1 次肥。如果小萝卜开始变得又大又圆，那就是快要收获了。

收获

根的头部从地面钻出，并且长到合适大小的时候就可以采收了。如果收获晚了，果实上就会有空心洞或裂纹。所以一定要仔细确认收获时间，不要摘晚了。

等果实长到合适大小的时候就可以采收了，用手指就可以轻松地拔出来。

小萝卜的保存方法

如果带着叶子或茎保存，果实的水分和养分就会很快流失掉，所以一定要尽早摘掉它们。把小萝卜分别装进塑料袋里放入冰箱保存。叶子或茎稍微煮过之后，也可以冷冻保存。

和胡萝卜一起种植可以预防害虫！

有时候好不容易发芽了，叶子却被害虫吃光了。这是菜粉蝶的幼虫酿成的虫害。为了避免这类虫害，建议在小萝卜附近种植胡萝卜。胡萝卜等植物可以有效防止十字花科害虫——菜粉蝶的侵袭。同理，十字花科的植物也可以防止金凤蝶的侵袭。同种互相都有利。

一起种“五彩萝卜”吧！

“五彩萝卜”在播种之后，可以同时长出红色、白色、粉红色、紫色、淡紫色 5 种颜色的小萝卜。叶子也是柔软的圆叶，和根一起腌渍后十分可口。

收获 5 种颜色的小萝卜。

好想尝到更美味的小萝卜！

小萝卜的特色是亮丽的颜色和清脆的口感。为了最大限度地发挥其特色，建议做成沙拉生吃。而且，稍微下点功夫，就可以让美味升级哦！

美味食谱推荐

盐曲小萝卜

材料［2 人份］

小萝卜	300g	白酒	1 大匙
盐曲	2 大匙	甜料酒	1 小匙
白糖	1 小匙		

做法

把小萝卜切成薄片放入塑料袋中，然后加入白糖、盐曲、白酒和甜料酒好好搅拌。在冰箱里放置半天左右就做好了。也可以加入营养价值高的茎和叶子。

美味食谱推荐

芝麻拌小萝卜叶

材料［2 人份］

小萝卜叶	3 ~ 4 把	酱油	1 大匙
白芝麻	1 大匙	白糖	1 大匙

做法

把熟白芝麻碾碎，加入白糖和酱油。然后把用水焯过的小萝卜叶切成适当长短后放进去搅拌即可。放一会儿使其入味后口感更好。

叶子也很美味，营养十足！

虽然很多人都把小萝卜的叶子扔掉，但是由于其入口美味，营养价值又高，所以还是不扔掉为好。其富含钙、铁、B 族维生素、维生素 C 及消化酵素的淀粉酶，有调理肠胃的功效，所以特别适宜便秘人群食用。

挑战一下摆盘吧！

把蔬菜盛到盘子里的时候，只要稍微注意一下摆盘，就可以让沙拉变得华丽无比。关键是要用小萝卜、胡萝卜、黄瓜等各种各样不同颜色的蔬菜来搭配组合。开开心心地摆盘，做一份漂漂亮亮的沙拉。

苤蓝

不可思议的形状

虽然在蔬菜店并不常见，但是由于其栽种起来相对容易，所以是家庭菜园中广受欢迎的蔬菜。其特点是味道类似卷心菜，并且营养价值很高。

科名	十字花科
植株大小	宽 20 ~ 40cm、高 20 ~ 30cm
播种	3 ~ 4 月、8 月下旬 ~ 9 月
种植幼苗	4 月中旬 ~ 5 月、9 月 ~ 10 月中旬
收获	6 ~ 7 月、10 月中旬 ~ 11 月

苤蓝虽然看起来像是芜菁的同类作物，但其实它是屈指可数的卷心菜的同类作物。其叶柄从表面突兀长出的样子就像 UFO 一样令人不可思议、印象深刻。栽培起来非常容易，但如果收获晚了果实就会变硬，所以需要及早收获。

圆圆的、好吃的蔬菜。

长到 5 ~ 6cm 大小，就采收吧！

如果收获晚了，果实就会开裂或变硬。直径长到 5 ~ 6cm 时是收获的最佳时期。

营养与健康

抗衰老　缓解便秘

虽然苤蓝的营养成分和卷心菜类似，但由于其所含的维生素 C 不会因为煮过而流失，所以对于延缓衰老有不错的效果。苤蓝富含钾离子，可以把人体内多余的钠排出体外，从而有效预防高血压。它还含有膳食纤维，具有缓解便秘的作用。

苤蓝的球状部分不是根，而是茎！

苤蓝的圆球部分虽然看起来像根，但是那其实是过度肥大的茎。其叶子和叶柄在鲜嫩柔软的时候非常美味。

苤蓝的保存方法

建议切掉叶柄，只保留球茎，用湿报纸包好后放进冰箱保存。寒冷季节，可以放到没有暖气的房间角落里。

紫苤蓝

外皮为紫红色的色彩鲜艳的蔬菜。切开之后为白色或浅绿色。生长期短，容易栽培。

大公

外皮为浅绿色的普通苤蓝。切开后为白色或浅绿色。

苤蓝的种植方法

播种

深15cm左右的花盆即可栽种。每隔15cm左右播撒3～4粒种子。微撒些土，用手掌轻压一下，使种子埋在土里。应缓缓浇水，以免刚撒下去的种子被冲走。

间苗和追肥

播种后1周左右就会发芽，长出真叶后开始间苗。长出4～5片真叶时再次间苗，保证1穴1苗。此后，每周施1次液肥。

种植幼苗

如果是在育苗盆里播种培育或购买苤蓝苗，需要定植到花槽或花盆里。栽种时需保持株距在10～15cm。

购买市场上出售的苤蓝苗栽种非常方便。在长40cm的花槽里可以栽种2棵。

种上苤蓝苗3周之后，茎开始变圆。

收获

播种后45～50天，茎部逐渐肥大，等其直径达到5～6cm时就可以采收了。如果收获晚了，果实就会出现空心洞或裂纹，所以一定要及早收获。

等到其直径为5～6cm时收获，用剪刀齐根剪下。

美味食谱推荐

好想尝到更美味的苤蓝！

冷制浓汤

材料[4～5人份]

苤蓝	1个
洋葱	1/2个
水	500ml
牛奶	200ml
浓汤	1/2小匙
欧芹末	少许
盐	适量

做法

把去皮后的苤蓝和洋葱切成适当大小，放入锅中，再加入水和浓汤煮15分钟左右。放凉后和牛奶一起放入搅拌器中搅拌，加盐调味冷却后就做好了。可以撒上少许欧芹末点缀一下。

做好的浓汤颜色洁白，口感柔滑。

小番茄

尝试种植甘甜多汁的成熟小番茄吧！

无论是生吃还是把它加到汤里、炖菜里或是比萨里都非常好吃。由于其所含的番茄红素和 β－胡萝卜素的营养价值很高，而且栽种起来非常容易，所以多种一些小番茄，让餐桌也变得色彩缤纷起来吧！

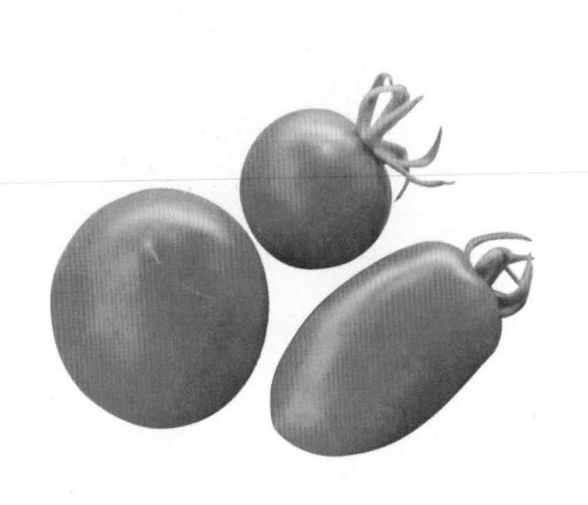

科名	**茄科**
植株大小	**宽 30 ~ 70cm、高 50 ~ 200cm**
播种	**3 ~ 4 月**
种植幼苗	**4 月下旬 ~ 6 月上旬**
收获	**7 月 ~ 10 月中旬**

由于在花盆里种植番茄比较困难，所以推荐种植容易栽培的小番茄。如果从种子开始培育，需要进行良好的温度控制。因此，还是从园艺店购买番茄苗种植比较简便。在光照充足的地方，要控制浇水次数，尝试着来种植甘甜多汁的成熟小番茄吧！

从熟透的果实开始逐次采摘。

营养与健康

抗衰老　预防感冒

小番茄中含有丰富的番茄红素和芦丁，具有抗氧化作用，可以延缓衰老。番茄红素有抗癌的功效，而芦丁则可以预防动脉硬化。此外，小番茄中富含 β－胡萝卜素，可以增强皮肤黏膜功能，有效预防感冒。

小番茄为什么会变红？

小番茄的果实刚长出来的时候是绿色的，这是因为其含有叶绿素。虽然果实中含有红色的番茄红素，但是由于被叶绿素压制，所以其红色很难显现出来。随着果实逐渐成熟，叶绿素的机能弱化，而番茄红素渐渐强大起来，所以红色也就越来越明显。

爱子番茄

味甜，李子状。皮不易开裂，容易种植。

黄色爱子番茄

果肉细密紧实，黄色的小番茄。

辛迪甜

单个重约 40g 的中等大小的小番茄，又甜又好吃。

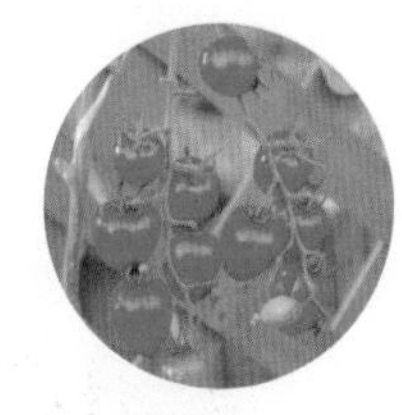

浆果番茄

像草莓一样呈可爱的心形的小番茄。甜味出众。

小番茄的种植方法

播种

虽然种植小番茄一般都是购买菜苗定植，但是只要做好温度管控，也可以从种子开始种植。因此，尝试播种也是没有问题的。如果不用土而是使用土壤改良材料，发芽率会更高。在吸水后的土壤改良材料上依次播撒 2 ~ 3 粒种子，发芽后间苗，确保 1 穴 1 苗。如果在 3 ~ 4 月播种，建议在室内温暖的地方种植。

压缩泥炭土而制成的土壤改良材料要吸水后再使用。

1 穴撒 2 ~ 3 粒种子。

发芽并长出真叶后间苗，确保 1 穴 1 苗。长出真叶后，当最前端的花序开始开花的时候定植。

种植幼苗

4 月下旬 ~ 6 月上旬定植幼苗。从种子开始种植的话尤其要注意温度管控。虽然小番茄的最佳发芽温度为 20 ~ 30℃，但是只要保持在 10℃以上就可以发芽。如果觉得温度管控比较困难，也可购买菜苗种植。建议准备比较大的 10 号花盆（直径为 30cm），一个花盆里只种 1 棵。如果是长 60cm 的花槽，可以种 2 ~ 3 棵。需要注意栽种幼苗的方向。因为小番茄的花序习惯朝一个方向生长，所以最好朝着容易采摘前端花序的方向种植。

准备好菜苗、花盆、土和铲子等。

把土加进花盆里后，把菜苗连根带土放到土里，并与表层土壤齐平。

! 等天气暖和的时候再种植！

如果提前种上菜苗，有时反而会因为寒冷而使幼苗受到伤害。提前种植的时候，最好在夜里把花盆搬到室内。

立支架

种上菜苗之后，需要立高 30cm 左右的支架，用来固定菜苗。等菜苗长到高 25cm 左右的时候，需要换成 1 ~ 1.5m 长的坚固支架。大量种植的时候都是搭“人”字形支架。在花盆里种植的时候，可以只在中间立一根支架，也可以在花盆边缘立上 3 根支架后，再在中间安装多个圆环，做成圆筒形支架。

立完支架后，用 PE 绳或麻绳给茎和支架打一个“8”字结。

掐芽

如果对小番茄放任不管，腋芽就会大量冒出，从而导致叶子过度茂盛而不结果实。因此，必须适时掐掉腋芽。虽然掐芽的方法有很多，但是如果是第一次种植小番茄，建议掐掉所有的腋芽，只留 1 个主枝生长，以便于掌控。等到初得要领之后，可以试着保留主枝和最前端的花序下面的腋芽，掐掉其他腋芽，达到 2 个共存的状态。

掐芽时用手指即可轻松掐下。

追肥

需要特别注意番茄或小番茄的追肥时间。如果结果之前追肥过多，就会导致叶子过度茂盛而很难结果。因此，追肥要在小果实刚刚开始结的时候进行。在之后的 1 ~ 2 周，施 1 次液肥或固体肥料。建议追肥时选择含钙多的肥料。

摘心

如果对主枝放任不管，它就会一直长大。等其长到支架顶端的时候，要摘掉主枝的顶端，使其停止生长。

摘掉主枝顶端的生长点。

注意不要浇太多水！

种植小番茄的时候，不可以像种其他蔬菜那样浇水，一定要尽量控制水分。在田间种植的时候，几乎不需要浇水。但是，在花盆里种植的时候，由于不能从地下吸收水分，所以不能一点水都不浇。浇水的频率为每 2 ~ 3 天 1 次即可。还有一种方法是看叶子开始枯萎的时候再浇水。但是要注意，这个时候如果不好好浇水，小番茄可能会枯死。

收获

先采摘成熟的红色果实。只要捏住果蒂上的把儿向上一弯，就可以轻松摘下。有的品种会整枝果实同时变红，这时摘下整枝即可。

从根部开始逐个变红，用剪刀剪下来即可。

美味食谱推荐

小番茄雪酪

材料［2 人份］

小番茄　适量

炼乳　适量

做法

把冷冻后的小番茄放入水里剥掉果皮。然后把它盛到碗里，只需加入炼乳，就做成了一道超级简单的甜点。如果加上蜂蜜或和冰激凌一起吃就更美味了。

如果用甘甜的“爱子番茄”，吃起来就更像甜点了。

小番茄的保存方法

保存小番茄的时候，建议直接装入塑料袋，然后放进冰箱保存。只要把冷冻后的小番茄放进水里，就可以轻松剥掉果皮。入味快，煮菜或做汤都不错。

好想尝到更美味的小番茄！

美味食谱推荐

白葡萄酒腌小番茄

材料［2 人份］

小番茄　16 个（160g）

A 白葡萄酒 2 大匙　水　1.5 大匙

柠檬汁　1 大匙　蜂蜜　1/2 大匙

盐　1/4 小匙

做法

把小番茄去除果蒂之后放进热水里。等到果皮爆裂时加入冰水，然后捞出并剥皮。把所有材料 A 倒入一个耐热容器中，然后放入微波炉（500W）加热 1 分钟。放凉之后，加入小番茄，放置 1 小时即可。

如何让未熟的小番茄变得好吃呢？

由于小番茄在收获后只要放一放还会慢慢变熟，所以如果是隐约残留一点青色的小番茄，只要在常温条件下放置一段时间，就会变红，并且可以吃了。但是没有成熟的小番茄是不可以吃的。这个时候，建议把小番茄切成两半，用泡菜汁（将醋、水、白糖按照 3 ： 1 ： 1 的比例加上少许盐在火上加热，沸腾前一刻熄火，然后冷却的汤汁）腌一腌。1 ~ 2 天之后即可食用，也可以长期保存。放到沙拉里，色彩鲜艳美观。

青椒

色彩鲜艳的辣椒的同类作物

青椒的维生素 C 含量比柠檬还高，是一种营养丰富的蔬菜。我们熟悉的绿色青椒是还没有成熟的果实，完全成熟之后果实会变成黄色或红色，营养价值更高。把绿色、黄色和红色的青椒搭配起来食用吧！

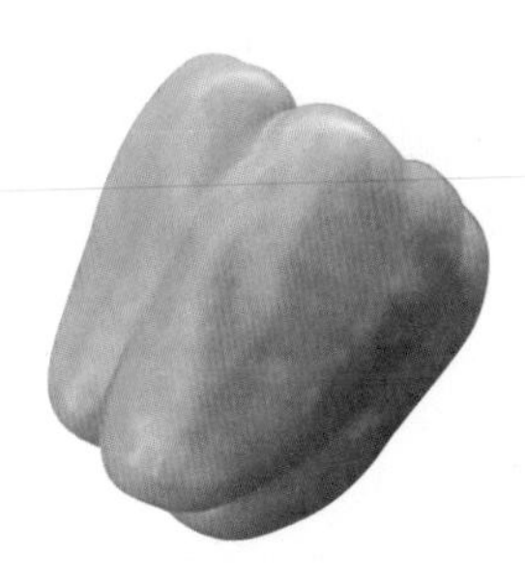

科名	茄科
植株大小	宽 30 ~ 70cm、高 50 ~ 70cm
播种	3 ~ 4 月
种植幼苗	5 月
收获	6 月中旬 ~ 10 月下旬

青椒属于茄科辣椒属，是辣椒的同类作物。通常，辣的被称为辣椒，不辣的被称为青椒。不管是辣椒还是青椒，在它们熟透之后，果实中辣椒素的成分就会增加，从而使果实变红。其实，不管是绿色的没有成熟的果实，还是红色的成熟果实，都美味可口。

使用市场上出售的菜苗！

从种子开始育苗需要花费 2 个月的时间，所以建议购买菜苗。

青椒的“京光”品种，气温越低，果实结得越好。

营养与健康

美容效果　预防癌症

青椒中含有大量维生素 C，可以预防感冒，也可以美容。青椒中 β －胡萝卜素的含量丰富，可以增强免疫力。特别是红青椒中 β －胡萝卜素的含量较多，除了具有造血功能的叶酸，还含有辣椒素。

注意不能太干燥！

青椒的原产地是高温湿润的中南美热带地区。因此，它具有极强的耐高温的特性。但其耐干旱能力不强，一旦变得干巴巴就会立刻枯死，所以一定要勤浇水。

青椒的同类作物

翠玉二号

长 6 ~ 7cm，果肉稍薄，有独特的苦味。一般都是采摘其还未成熟的绿色果实。也可以采摘熟透的红色果实食用。

小尖椒

直径为 2 ~ 3cm 的小青椒。甘甜可口，可以生吃，也可以做沙拉。

香蕉青椒

因为形似香蕉而得名。长 10 ~ 15cm，随着果实成熟，逐渐由淡绿色变成黄色，再变成红色。

水果青椒

糖度为 8 度，是一种甜味很浓的彩椒。有红色、橙色、黄色、绿色等各种鲜艳的颜色。

青椒的种植方法

种植幼苗

青椒从播种到培育出适宜栽种的幼苗需要花费 2 个月以上的时间。青椒种子的适宜发芽温度为 25 ~ 30℃，一般要选择高温季节播种。但是栽种青椒苗的最佳时间为 5 月份。要想在 5 月份之前培育出幼苗不是一件容易的事，一般情况下都选择购买菜苗栽种。在深 25 ~ 30cm 的花盆里种上 1 棵青椒苗，搭上支架固定。由于适宜幼苗生长的温度为 18 ~ 24℃，所以要避开寒冷季节，等天气暖和的时候再栽种。

种植青椒的菜苗。

修剪

如果是采摘未成熟的绿色果实，不需要进行特别的修剪。但是，如果是采摘彩椒那样完全成熟的果实，由于其生长期大幅延长，所以需要适时剪枝。留出 3 ~ 5 个枝干，其他的通通剪掉，以改善植株的通风状况。

追肥

开始结果时，1 ~ 2 周施 1 次液肥。如果叶子颜色开始变淡，就是缺肥的征兆，会不利于结果。一定要经常观察叶子的颜色。

青椒的保存方法

擦干表面水分之后，用报纸包上，装入塑料袋，放进冰箱保存。需要提前将有瑕疵或腐烂的部分去掉。如果是新鲜的青椒，可以保存 1 周左右。

收获

早点摘掉最先结出的果实，之后的果实才会越结越好。等果实长到合适大小时，就可以采收了。当青椒和彩椒完全成熟时，果肉甘甜柔软。但是其从结果到熟透，需要 1 个月以上的时间。

采摘香蕉青椒。从黄绿色到乳白色、黄色、橙色、红色，颜色不断变化。

美味食谱推荐

好想尝到更美味的青椒!

青椒拌咸海带

材料［2 人份］

青椒	4 ~ 5 个
咸海带丝	10g
香油	1 小匙
芝麻末	适量
盐	适量

做法

将青椒切丝，加盐煮 1 分钟左右。趁热加入咸海带丝、香油搅拌，盛入碗里，撒上芝麻末。如果没有芝麻末，也可以用姜末代替。

海带的美味和芝麻的香味令人回味悠长。

除了小松菜、芝麻菜，生菜、水菜和茼蒿的嫩叶也可以食用。

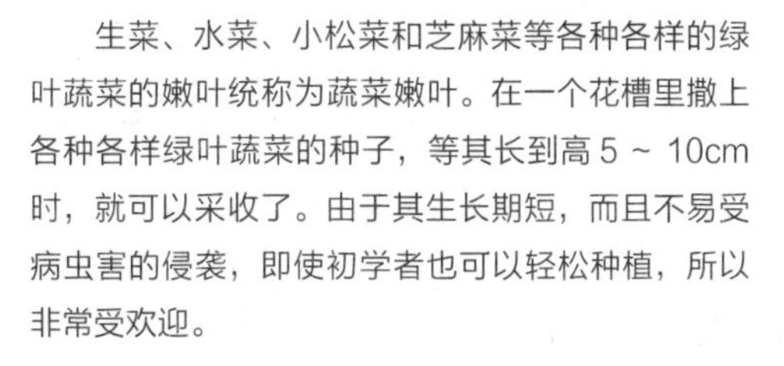
把 4 种不同的种子排列播种的方法十分有趣。

专栏 1

用嫩叶轻松制作沙拉

生菜、水菜、小松菜和芝麻菜等各种各样的绿叶蔬菜的嫩叶统称为蔬菜嫩叶。在一个花槽里撒上各种各样绿叶蔬菜的种子，等其长到高 5 ~ 10cm 时，就可以采收了。由于其生长期短，而且不易受病虫害的侵袭，即使初学者也可以轻松种植，所以非常受欢迎。

混合沙拉

把蔬菜嫩叶做成沙拉生吃是最佳选择！把蔬菜嫩叶齐根剪断后马上放入凉水中冲一下，保持鲜嫩的状态盛入碗中。

把蔬菜嫩叶做成沙拉品尝是最好的办法。

用水培法也可以栽种！

即使没有土和花盆也可以栽种蔬菜嫩叶。只需要准备好笸箩和大碗就行了。在笸箩里装入陶粒状的发泡炼石后，将其放在装有营养液的大碗上。收获的时候，用剪刀齐根剪下即可。只要保证营养液一直不断，10 天左右就又会长出新芽，可以再次采摘。

只要有笸箩和大碗，就可以轻松栽种。

长出真叶后，对于混杂的地方逐次间苗。

可随时采摘的绿色蔬菜

水菜和生菜等绿叶蔬菜在小花盆里也可以成功种植。而且，播种后只需 2 ~ 3 周就可以采收间苗菜。阳台种菜，让你尽享四季不同时节的美味！

菠菜

越是寒风凛冽，营养价值越丰富的黄绿色蔬菜

菠菜的品种十分丰富。除了叶片有刻痕的东方品种和叶片圆而厚的西方品种，还有叶片蜷缩但带有甜味的蜷缩菠菜，以及改良后可以生吃的沙拉菠菜等。种些你喜欢的菠菜吧！

科名	藜科
植株大小	宽 20 ~ 30cm、高 10 ~ 30cm
播种	3 ~ 4 月、9 ~ 10 月
收获	4 月下旬 ~ 6 月中旬、10 月 ~ 次年 3 月

菠菜富含维生素、钙和铁，是黄绿色蔬菜的优秀代表。虽然从春天到初夏都可以采收，但是它真正的收获季节是在冬季。越是寒风凛冽的时候，其糖分积累越多，营养价值也会越高。为了尝到糖分大幅度增加之后的菠菜本来的味道，还是选择秋天播种，然后多花些时间培育吧！

菠菜是营养丰富的黄绿色蔬菜的优秀代表。

营养与健康

预防贫血　抗衰老

大部分人都知道菠菜具有预防贫血的功效，这是因为菠菜中不仅含有大量铁，还富含具有造血功能的叶酸。β－胡萝卜素的含量丰富，可以增强免疫力、延缓衰老、缓解视力疲劳。此外，菠菜中不仅含有骨骼发育必需的钙，还含有可以让钙沉淀在骨骼里的维生素 K。

菠菜的保存方法

餐巾纸打湿后包住菠菜根部，然后用报纸把菠菜整个都包起来后放进冰箱。可以保鲜 3 ~ 4 天。也可以微煮一下，去除水分之后，用保鲜膜包起来冷冻保存。

煮过之后再吃比较好？

如果大量食用菠菜，菠菜中的草酸和钙结合后容易在体内形成结石，阻碍钙的吸收，并易引起骨质疏松。如果一次性食用菠菜超过 1kg，就有可能造成以上后果。但是，食用少量菠菜是没有问题的。如果特别介意，可以煮一下菠菜，使草酸溶解于汤中之后再吃。

西方品种

叶子形状略圆，抽薹较晚，适合春天播种。

菠菜的同类作物

日本菠菜

叶片上有很深的刻痕，根是红色的。日本原种“禹城”和西方菠菜杂交之后培育出的二代菠菜。

红杆菠菜

杆是红色的，是一种色彩艳丽的菠菜。

蔬菜、香草和果实类作物的种植方法

菠菜的种植方法

播种

由于菠菜在寒冷天气下会变得更甜更好吃，所以建议秋天播种，冬天和春天收获。春播的话建议选择不易抽薹的西方菠菜。另外，菠菜不适合在酸性土壤中栽种，需要撒上石灰，将酸性土壤改良为弱酸性土壤。散播和条播皆可，播种之后，覆 1cm 左右的土，浇水。

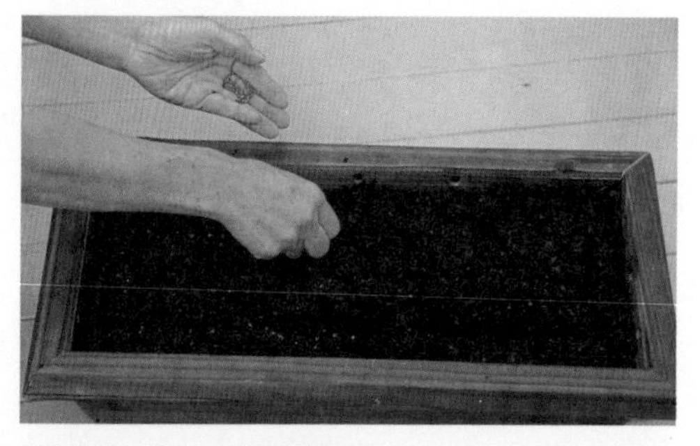

划出沟槽，隔 1cm 左右播种。

❗ 多撒些石灰！

菠菜是一种不易在酸性土壤中存活的植物，尽量多撒些石灰，改良成弱酸性土壤。

间苗和追肥

长出 3 ~ 5 片真叶时间苗，确保株距在 5cm 左右。间苗后，隔 1 ~ 2 周施 1 次液肥。叶子开始变黄就是缺肥的征兆。此时，建议马上在叶子表面喷洒液肥。

长出子叶后间苗，并加土固定。

收获

等菠菜长到高 15cm 左右的时候就可以采收了。根据需要，用剪刀齐根剪下，也可逐棵轻轻拔下。由于菠菜的耐寒性强，所以其冬季的采摘期也长。

根据需要，用剪刀齐根剪下。

美味食谱推荐

好想尝到更美味的菠菜！

烫拌菠菜

材料［2 人份］

菠菜	150g
酱油	1 大匙
干松鱼片	少许

做法

把菠菜放入煮开的热水里，煮至变色后取出，加凉水冷却后沥干水分。切成合适大小，盛盘后，撒上干松鱼片，加酱油调味即可。

彻底沥干水分是关键。

小松菜

冬季珍贵的绿叶蔬菜

小松菜的特点是无论是焯拌、煎炒、蒸煮，还是烩菜、腌渍，任何一种烹饪方法都可以将其做得十分美味。晚秋时，害虫较少，在花盆里种些小松菜，十分方便打理。它的间苗菜和嫩叶也非常好吃。

科名	十字花科
植株大小	宽 20 ~ 30cm、高 10 ~ 30cm
播种	3 月下旬 ~ 4 月、9 月 ~ 10 月上旬
收获	5 ~ 6 月、10 月下旬 ~ 12 月

原产于中国，19 世纪 70 年代传入日本，是用来腌渍的一种蔬菜。小松菜中维生素 C、钙、β－胡萝卜素、铁等营养成分的含量可以和菠菜比肩，是一种营养价值极高的绿叶蔬菜。由于其耐寒性强，在积雪下也不会枯死，所以是冬季珍贵的绿叶蔬菜。

小松菜是钙和铁含量丰富的黄绿色蔬菜。

! 一旦发现青虫，立即消灭！

青虫和蚜虫是小松菜的大敌。春夏两季尤其需要注意。一旦发现，立即消灭。

营养与健康

美白肌肤　预防贫血

小松菜中含有大量 β－胡萝卜素和维生素 C。两者累积加成后，具有增强免疫力和美白肌肤的作用。β－胡萝卜素还具有抗氧化作用，可以防止肌肤干燥、美白肌肤。小松菜中钙和铁的含量是菠菜的 2 倍，有助于促进骨骼发育、预防贫血。此外，小松菜中含有丰富的钾，可以抑制血压升高。

烹饪的时候快煮一下即可！

小松菜中维生素 C 的含量十分丰富。但是，如果煮的时间过长，大部分营养物质就会溶入菜汤。因此，在烹饪的时候，只需快煮一下即可。另外，建议把小松菜腌成咸菜。只需把撒过盐的小松菜拧干、去除水分后，和海带放在一起，加入酱油、甜酒和醋轻轻揉搓即可。只需半日，美味十足的咸菜就做好了。

注意蚜虫和青虫！

蚜虫和青虫是绿色蔬菜的大敌。由于小松菜容易受这 2 种害虫的侵袭，所以要特别注意。尤其是 5 月下旬 ~8 月份，这段时间是害虫繁殖最旺盛的时期，需要尽量避开这个时间栽种小松菜。

小松菜的保存方法

用略微打湿的报纸包好小松菜，放进塑料袋。在放进冰箱保存的时候，注意不要平放，而是竖着放进去。如果想要长期保存，可以微煮一下，去除水分，分成小块后再放入冰箱。

小松菜的种植方法

播种

由于小松菜在春天和夏天容易受到蚜虫的侵害，所以如果是第一次种小松菜，建议在秋天播种。播种方法可以选择散播。为了采摘到更多的间苗菜，可以多撒些种子。播种之后，覆土 3 ~ 5mm，用喷壶缓缓浇水。

一边注意不要撒重了，一边均匀地把种子散播在表层土壤上。

用掌心轻压一下，使种子埋在土壤里后再浇水。

间苗

长出真叶后逐次间苗。确保最终株距在 5cm 左右。小松菜的生长期较短，只要基肥够用，不需要追肥。

收获

播种后 30 ~ 40 天，小松菜就可以长到 20 ~ 30cm 的高度。从大叶子开始逐次采收。如果采摘晚了，叶子长得过大，就会多多少少变硬一些。但是轻微霜冻后，味道反而会更好。在绿叶蔬菜稀少的冬季，小松菜是非常珍贵的蔬菜。

播种后 30 ~ 40 天收获，用剪刀齐根剪下即可。

如果摘晚了，小松菜的叶子就会变硬，应及时采摘，尽量不要摘晚了。

日本花菜

可以重复采摘的冬季绿叶蔬菜

一种古老的日本传统蔬菜，曾提取出菜籽油，作为灯油使用。由于其具有增强免疫力的功效，所以多种一些日本花菜来吃吧！

保存的时候要把花穗朝上竖着放！

在冰箱里保存的时候，要用湿报纸包好后装进塑料袋，并且把花穗朝上竖着放才能保存更长时间。

科名	十字花科
植株大小	宽 20 ~ 30cm、高 30 ~ 80cm
播种	8 月中旬 ~ 10 月下旬
收获	次年 1 月中旬 ~ 4 月中旬

日本花菜是食用抽薹后的花蕾和花茎的蔬菜，也被称作“菜之花”。在绿叶蔬菜稀少的冬季，花菜是非常珍贵的蔬菜。最令人兴奋的是它可以重复采摘，一直到春天。另外，第 68 页中介绍的秋韵也是花菜的同类作物。

顶端有花蕾，鼓起后摘掉。

营养与健康

预防脚气　预防骨质疏松症

日本花菜中含有丰富的维生素 B_1，可以把糖分转化为人体所需的能量。如果人体缺乏维生素 B_1，不仅容易疲劳，还会引起脚气等症状。日本花菜中富含维生素 B_2 和维生素 B_6，能促进蛋白质和脂肪代谢。此外，日本花菜中含有丰富的钙、钾、镁、磷、铁等可强健骨骼的有益成分，有助于预防骨质疏松症。

花菜的种植方法

播种、间苗和追肥

如果 8 ~ 10 月份播种，一直到次年的 1 ~ 4 月份都可以采收。在深 25cm 的花盆中散播，薄薄地覆上土，浇上水后，1 周左右就会发芽。长出 2 ~ 3 片真叶时，逐次间苗，确保最终株距在 7 ~ 8cm。隔 1 ~ 2 周施 1 次液肥。

收获

顶端长出花芽，并开了 1 ~ 2 朵花时是收获的最佳时期。取 10 ~ 15cm 的花茎剪断。稍微烫一下，做成沙拉或拌菜，充分享受一下早春的味道吧！

即使剪断了花茎，等侧枝长出来后还可以二次采收。

秋韵

带着花芽吃的龙须菜风味的绿叶蔬菜

和日本花菜一样，食用抽薹后的花芽。微甜，味道类似龙须菜的变种。在家里种一些秋韵，充分品尝一下它与众不同的味道吧！

乍一看很像花菜，味道有点像龙须菜。

勤浇水！

虽然秋韵要放在阳光充足的地方栽种，但是由于它不耐干旱，所以必须勤浇水！

科名	十字花科
植株大小	宽 10 ~ 20cm、高 20 ~ 30cm
播种	8 月中旬 ~ 10 月中旬
收获	次年 1 月 ~ 4 月中旬

大多数人可能都没听过“秋韵”这个名字。其实，它和日本花菜一样，都是食用花芽和花茎部分的开花类蔬菜。秋韵是菜心和红苔菜杂交之后培育出的新品种，其口感和味道类似龙须菜。耐寒性强，是冬季珍贵的绿叶蔬菜。

营养与健康

调节肠道作用　预防高血压

β－胡萝卜素的含量丰富，可以根据需要在人体内转化为维生素 A，保护皮肤黏膜，保护视力。秋韵富含具有造血功能的叶酸和具有调节肠道作用的膳食纤维。此外，其还含有大量可以预防高血压的钾，骨骼发育不可缺少的钙、镁、磷、铁等营养成分。

秋韵的种植方法

播种

在温暖地区，一般都是秋天播种，冬天和春天收获。 由于秋韵不耐严寒，所以在寒冷地区，要尽早播种，晚秋以前收获。条播之后，覆上 5mm 左右的土，浇水。

间苗

发芽之后逐次间苗，确保最终株距保持在 20 ~ 25cm。长出 4 ~ 5 片真叶后，施液肥。

收获

等秋韵长到高 15cm 左右的时候，留下靠近根的 5 ~ 6 片叶子，把主枝剪下来。剪掉主枝之后，才能促进侧枝发育。等侧枝长到 20 ~ 25cm，就可以采收了。花芽开出 1 ~ 2 朵的时候是收获的最佳时期。在花谢之前赶紧收获吧！

菜心

可以多次采摘的龙须菜风味的开花类蔬菜

菜心是一种家喻户晓的蔬菜，经常被用作炒菜。对于烹调方法没有要求，无论是烫拌还是凉拌都非常美味。

如何大量收获?

最先长出的花芽要及早摘掉。腋芽会不断长出，可以多次收获。

科名	十字花科
植株大小	宽 15 ~ 20cm、高 30 ~ 40cm
播种	3 月中旬 ~ 9 月中旬
收获	5 月中旬 ~ 11 月

菜心和秋韵一样，也是食用其花蕾和花茎部的开花类蔬菜，味道类似龙须菜。由于其耐热性强，而且抽薹与季节无关，所以从春天到秋天什么时候都可以播种。播种后 1 个月，摘掉最先长出的花芽，等腋芽冒出来后，再采摘。

营养与健康

美白肌肤　缓解疲劳

和秋韵一样，油菜类作物中含有的最引人注目的营养物质就是丰富的 β－胡萝卜素。它不仅可以促进人体生长发育，还可以美白肌肤和预防癌症。菜心中还含有可以缓解疲劳的维生素 B_1、促进生长发育的维生素 B_2 及糖分、脂肪和蛋白质代谢所必需的烟酸等营养成分。如果人体缺少了这些营养成分，就会引起皮炎、口腔炎、痢疾等病症，所以虽然是微量元素，却也是非常重要的营养物质。

菜心的种植方法

播种、间苗和追肥

从 3 月份到 9 月份，什么时候都可以播种。采用散播的方法，覆上薄薄的土后浇水。长出真叶后，逐次间苗，确保最终株距在 20 ~ 25cm。真叶长到 4 ~ 5cm 时追肥。

采用散播的方法，薄薄地覆上土。缓缓浇水，不要把种子冲走。

收获

播种后 1 个月左右就可以采收了。如果早点摘掉最先开花的花芽，腋芽就会接连不断地冒出，可以采收好多次。

长茎西蓝花

具有美容和保健功效的营养蔬菜

众所周知，萝卜硫素作为一种重要的植物化学成分，具有抗癌的功效。西蓝花因为含有萝卜硫素而一直备受瞩目。但是，由于其加热之后功效降低，最好生榨成汁饮用。

不要忘记摘掉顶端的花蕾

如果不摘掉茎顶端的花蕾，就会长成普通的西蓝花。为了采摘到大小合适的长茎西蓝花，一定要摘掉顶端的花蕾。

科名	十字花科
植株大小	宽 10 ~ 20cm、高 20 ~ 30cm
种植幼苗	6 ~ 7 月
播种	9 月
收获	10 月下旬 ~ 次年 2 月

西蓝花的食用部分是由数不清的花骨朵聚集而成的花蕾和一部分花梗。长茎西蓝花是在摘掉顶端花蕾之后，采摘到的长大后的侧枝花蕾。其维生素 C 的含量是柠檬的 5 倍，还富含具有抗癌功效的萝卜硫素。

注意预防菜粉蝶。

营养与健康

预防贫血　预防癌症

长茎西蓝花中除了富含可以美容和预防感冒的维生素 C 和具有抗氧化作用的 β-胡萝卜素，还含有可以预防贫血的叶酸和防止钙从骨骼流失的维生素 K。此外，长茎西蓝花中还含有一种具有抗癌效果的植物化学成分——萝卜硫素。

长茎西蓝花的种植方法

播种

长茎西蓝花的最佳播种时间是 6 ~ 7 月份的炎热季节。把种子播撒在育苗盆里，放置在阴凉的地方培育比较容易成功。一个盆里撒 3 ~ 4 粒种子，长出 2 ~ 3 片真叶后只留 1 棵菜苗。

种植幼苗

等幼苗长到高 12 ~ 15cm 的时候，需要在花盆里定植。由于西蓝花很容易受到青虫的侵害，所以一旦发现叶子上有被啃咬的痕迹，要马上寻找青虫并消灭掉。另外，西蓝花吸收肥料的能力很强，需要 1 周追 1 次肥。为了长出更多的侧枝，一定要摘掉最先长出来的花蕾。

准备一个 12 号（36cm）左右的花盆。

收获

播种后 60 ~ 70 天就可以采收了。侧花蕾长到 15cm 大小时，沿侧枝根部剪下。

小花椰菜

做成沙拉生吃

像花束一样外形可爱的小花椰菜，无论炒食、煮食，还是做汤都十分可口。口感好，有甜味，茎也很好吃，不要扔掉。

用叶子包住花蕾，遮挡阳光！

等花蕾长到 5cm 大小，可以用外层的叶子小心包裹住花蕾，遮挡阳光。

科名	十字花科
植株大小	宽 40 ~ 50cm、高 50 ~ 70cm
种植幼苗	7 ~ 8 月上旬
播种	8 月下旬 ~ 9 月上旬
收获	次年 3 月下旬 ~ 12 月

花椰菜和西蓝花一样，都是食用花蕾和花茎部分的蔬菜。西蓝花是采摘侧枝的花蕾，而花椰菜是采摘顶端的花蕾。由于花蕾被叶子包裹，遮挡住了阳光，所以颜色洁白如雪。小花椰菜是花椰菜的迷你版，即使生吃也非常柔软，所以一般都直接用来做沙拉。

绿色花椰菜和罗马花椰菜。

营养与健康

预防感冒　整肠作用

小花椰菜中所含的维生素 C 即使在加热后也不会流失，有助于预防感冒和增强免疫力。小花椰菜中含有丰富的钾，可以抑制血压升高，从而预防心肌梗死和脑梗死。此外，小花椰菜还富含膳食纤维，具有调整肠道的作用。

小花椰菜的种植方法

播种、间苗

虽然也可以春播，但是为了减少病虫害的侵袭，最好选择秋播。在育苗盆里撒上 3 ~ 4 粒种子，发芽后逐次间苗，最终只保留 1 棵菜苗。

种植幼苗

长出 5 ~ 6 片真叶后，在花槽或花盆里定植。等顶端的花蕾长到直径为 5cm 左右时，用外层的叶子小心包裹住花蕾，轻轻地用带子系好。只有遮挡住阳光，花椰菜才会变得雪白。

使用深 40cm 左右的大花盆，间隔 20cm 左右栽种幼苗。

收获

等花蕾长到直径为 10cm 左右时，自花蕾以下的地方剪断。由于花茎部分比花蕾部分的营养价值还高，所以食用的时候不要扔掉花茎。

水菜

口感清脆的京都传统蔬菜

水菜是日本珍贵的原产蔬菜之一。自古以来，水菜就在日本京都及其周围广泛种植。即使煮过之后清脆的口感也依然保留，很适合涮火锅食用。除了严寒时节，其他时节都可以轻松种植。

! 及时消灭蚜虫和小菜蛾！

水菜有时会受到蚜虫和小菜蛾的侵害。一旦发现，应立即消灭！

科名	十字花科
植株大小	宽 5 ~ 20cm、高 25 ~ 30cm
播种	3 月下旬 ~ 10 月上旬
收获	4 月下旬 ~ 12 月上旬

清脆的口感十分吸引人，既可以做沙拉，也可以做火锅，用途广泛。由于栽种起来非常简单，从播种开始尝试即可。播种后仅需 2 ~ 3 周就可以采摘嫩叶食用。

长大之后，用剪刀齐根剪下。

营养与健康

预防感冒　延缓衰老

水菜中含有大量 β - 胡萝卜素，有助于预防癌症和延缓衰老。水菜中富含可以预防感冒、增强免疫力的维生素 C 和抑制血压升高的钾。此外，水菜中还含有大量铁，可以有效预防缺铁性贫血。

水菜的种植方法

播种

虽然除了冬天，其他季节都可以播种，但是由于其适宜发芽温度为 15 ~ 20℃，所以春天和秋天是播种的最佳时间。对花盆的大小和深浅没有要求。虽然条播也没有问题，但是为了摘到更多的间苗菜，建议散播，并且应多撒一些种子（间隔约 2cm）。

间苗和追肥

发芽后，分数次间苗，确保最终株距在 10cm 左右。另外，1 周施 1 次肥。一旦土壤表面干燥，立即浇水。

使用固定了多粒种子的“种子球”更加方便。

收获

播种后 30 天，叶子长度长到 20 ~ 30cm，这是收获的最佳时间。根据需要，从外层叶片开始采摘，或者齐根剪下即可。

芥菜

叶子和茎都带有刺激性的辣味

芥菜的叶子和萝卜的叶子相似，都有锯齿状的纹路。芥菜是一种辛辣刺激的绿叶蔬菜，和红叶菜、绿芥末是同类作物。不容易受到病虫害的侵袭，栽培起来十分简单。

及早收获！

由于春播抽薹早，所以等芥菜长到高 20cm 左右时，就尽快采摘吧！

科名	十字花科
植株大小	宽 10 ~ 15cm、高 30 ~ 50cm
播种	3 ~ 10 月
收获	5 月 ~ 次年 3 月

把芥菜的种子碾压磨碎后制成的就是芥末。虽然芥菜种子的味道辛辣刺激，但是播种后长大的叶子和茎却别有一番清爽的口感。做沙拉和腌咸菜皆可。栽培方法简单，四季皆宜，生长期短。

叶子颜色是红色的红叶菜是芥菜的同类作物。

营养与健康

促进胎儿发育　促进骨骼发育

芥菜中含有大量叶酸，是西蓝花和菠菜的 3 倍左右。叶酸是合成 DNA 的必要成分，也是细胞繁殖不可或缺的营养物质，对胎儿的发育尤为重要。因此，对于孕妇来说，叶酸是不可缺少的。芥菜中除了含有 β- 胡萝卜素，还含有丰富的促进骨骼发育必需的钙、磷、镁、铁等营养成分。

芥菜的种植方法

播种、间苗和浇水

对于花盆的大小没有要求，条播和散播皆可。为了摘到更多的间苗菜，建议多撒些种子。发芽后，逐次间苗，确保最终株距在 8 ~ 10cm。由于芥菜的耐干旱能力较差，所以必须经常确认，一旦土干了就立即浇水。基肥充足的话，没有必要追肥。病虫害较少，是一种非常容易栽培的作物。

根据需要，用剪刀齐根剪下。

收获

播种后 40 天左右收获。播种后 10 天左右就可以采摘间苗菜。如果加上间苗菜，芥菜的收获期在 1 个月左右。春播抽薹早，必须及早收获。

茼蒿

栽种简便，是冬季珍贵的绿叶蔬菜

因为一到春天就会开出和菊花一样美丽的花朵，所以也被称作“菊花菜”，在欧美还被作为观赏花卉来种植，在品尝美味之余，还可以一饱眼福。

❗收获时，只剪掉上半段！

收获的时候，不要整棵拔下，只要剪掉上半段即可，留下的腋芽长大后还可以再采收。

科名	菊科
植株大小	宽 20 ~ 30cm、高 20 ~ 30cm
播种	4 ~ 5 月、9 月 ~ 10 月中旬
收获	5 月中旬 ~ 6 月、10 月中旬 ~ 11 月

茼蒿微苦，有独特的香味，是炖菜和火锅的重要食材，也是黄绿色蔬菜的一种。茼蒿是蔬菜中稀有的菊科植物，不易受病虫害的侵袭，栽种十分简单。它是寒冷季节珍贵的绿叶蔬菜，不妨多种一些吧！

味道微苦，与火锅完美搭配。

营养与健康

恢复皮肤光泽　放松心情

茼蒿中 β- 胡萝卜素的含量丰富，可以和胡萝卜、菠菜比肩，具有防止皮肤变粗糙和保护视力的作用。茼蒿中维生素K的含量极为丰富，可以强健骨骼。另外，在其清香成分柠檬烯（橘子等水果也含有大量柠檬烯）的作用下，会让人心情放松，是一种营养价值极高的蔬菜。

茼蒿的种植方法

播种

和水菜、芥菜一样，对花盆没有要求。为了采摘到更多的间苗菜，建议选择散播。播种之后，撒上薄薄的一层土。茼蒿的种子属于喜光性种子，不可以覆土太厚。缓缓浇水，不要把种子冲走。由于其生长期短，所以只要基肥充足，无需追肥。

收获

等茼蒿长到 5cm 左右时，可以一边采摘间苗菜一边收获。采摘间苗菜时可以整株拔掉。但是对于长到 20 ~ 25cm 的茼蒿，不要整株拔掉，摘叶子时需留下几片根部的叶子。

留下几片叶子，等腋芽长出后，再采收。

留腋芽长大，延长采收期！

不要整株拔掉，只剪断主茎的上半段即可。留下的腋芽会接连不断地长大。如果对于长大的腋芽，也和主茎一样只剪掉上半段，就可以采收很长一段时间。

油菜

口感清脆、营养丰富的中国传统蔬菜

油菜原产于中国，其味道和口感很受欢迎。油菜可分为白菜型、芥末型、甘蓝型，栽种方法简单，在家庭菜园中人气也很高。

春播时要注意病虫害！

由于在夏天容易滋生蚜虫和青虫，受到病虫害的侵袭，所以建议秋天播种。

科名	十字花科
植株大小	宽 15 ~ 20cm、高 20 ~ 25cm
播种	9 月
收获	10 ~ 11 月

油菜中含有的 β－胡萝卜素是白菜的 9 倍，是一种营养丰富的中国蔬菜。叶梗为淡绿色，圆圆地鼓起，口感清脆。叶梗为白色的白梗油菜也很受欢迎。可爱的小油菜只需 30 天就可以采收。

油菜的特点是贴近地面的植株部分圆圆地鼓起。

营养与健康

预防癌症　预防骨质疏松症

油菜中含有丰富的 β－胡萝卜素、维生素 K、钾、钙等营养成分，可以有效预防癌症、心肌梗死、脑梗死、动脉硬化、高血压、骨质疏松症等病症。另外，由于 β－胡萝卜素和油一起摄入时，会有助于人体吸收，所以建议炒食。

油菜的种植方法

播种

虽然油菜是耐热性较强的植物，但由于夏季容易滋生病虫害，所以建议避开春播，选择秋播。每隔 7 ~ 8cm（小油菜是 3cm）撒 2 ~ 3 粒种子。油菜种子的发芽率很高，注意不要撒太多。轻轻覆上土后洒水。

划出沟槽播种后，覆上厚3 ~ 5mm的土，洒水。

间苗和施肥

长出真叶后，逐次间苗。每 2 周施 1 次液肥。小油菜生长期短，没有必要施肥。但如果发现叶子颜色变淡，应立即施液肥。

收获

等油菜长到高 20 ~ 25cm 时，齐根剪下。油菜耐寒性强，不抽薹。因此，也可以种植重达 1kg 的大型油菜。

葱（大葱、叶葱）

挑战一下种植葱！

葱是自古以来就家喻户晓的蔬菜。葱中含有大量大蒜素，具有抗氧化作用，是一种营养丰富的蔬菜。

种植大葱需要深花盆！

叶葱在浅花盆里就可以栽种，而大葱则需要深花盆。

科名	百合科
植株大小	宽 3 ~ 5cm、高 60 ~ 100cm（大葱） 宽 1 ~ 3cm、高 30 ~ 50cm（叶葱）
种植幼苗	4 月（大葱）、4 ~ 9 月（叶葱）
播种	6 月（大葱）
收获	10 月中旬 ~ 次年 3 月（大葱） 四季皆可（叶葱）

葱分为食用绿色叶子部分的叶葱和食用长在土里的白色部分的大葱（白葱）两种。在家庭菜园里，种植叶葱比较方便。如果有深花盆，也可以栽种大葱。

在浅花盆里也可以种叶葱。

营养与健康

促进血液循环　缓解疲劳

葱白部分含有大量蒜碱，它分解之后会生成大蒜素，这是一种形成了葱的独有气味的香气成分。葱叶部分含有丰富的 β-胡萝卜素，它不仅可以促进血液循环，还可以分解乳酸等致人疲劳的物质。但是其功效会随着时间而消失，所以烹饪后最好立刻食用。

葱的种植方法

播种、种葱苗

在温暖地区，葱大多是春季播种，秋季和冬季收获。而在寒冷地区则是秋季播种，春季收获。虽然自己也可以播种育苗，但是由于发芽率较低，所以初次种葱时，建议购买葱苗栽种。在深花盆里放入土，从中间挖出一道长 15cm 左右的沟槽，每隔 5cm 种上 1 棵大葱苗，覆土。如果是叶葱，可以直接把种子撒在花盆里，任其自由长大。

培土和追肥

叶葱没有必要培土。但栽种大葱的时候，要根据葱苗的长势培土，一直到分叶的时候为止。每周施 1 次液肥。

收获

在给大葱培土 1 个月之后，可按需采收。如果不摘掉葱头，叶子就会变硬，必须及早摘掉。如果保留 3 ~ 5cm 长的根后割掉叶葱，只需 1 个月就可以再次采收。

培土很重要！

大葱的葱白部分很重要。如果没有给葱白覆上土，它就不会变白，而是变硬。需要根据长势及时培土。但是，如果葱苗太小的时候就培土，浇水反而会阻碍其生长，所以要在葱苗长大一些的时候再开始培土。

丝葱、冬葱

用球根栽种的百合科蔬菜

丝葱是百合科葱属的球根型多年生草本植物。由于比葱的颜色浅，所以在日本被称为“浅葱”。形状细长，也被叫作“细葱”。丝葱和形状似青葱的冬葱一样，都是用球根栽种的。

采收时留下葱根！

采收的时候不要整株拔掉，要保留 3cm 左右的根。等葱叶再长出来的时候，就可以重复采收。

科名	百合科
植株大小	宽 5 ~ 10cm、高 30 ~ 50cm
播种	8 月中旬 ~ 9 月中旬
收获	10 月上旬 ~ 11 月下旬

由于冬葱和叶葱相似，所以有时会和叶葱混淆。其实它是洋葱和葱杂交之后的品种，主要特点是根部会微微鼓起。由于其不开花也不结种，所以大多是种植球根（种球）来培育的。但是，丝葱和冬葱不同，会开出紫色的美丽花朵。栽种方法基本与冬葱一样。

丝葱是日本原产蔬菜。

营养与健康

预防癌症　预防脑梗死

丝葱和冬葱等葱类植物中含有的辛辣成分，不仅可以预防癌症，还可以预防心脏病、脑梗死等疾病。葱类中含有丰富的钾、钙和叶酸，而且葱叶部分的含量要比葱白部分丰富。特别是对孕妇来说不可或缺的叶酸，葱叶部分的含量是葱白的 2 倍。葱叶中 β－胡萝卜素和维生素 K 的含量也很丰富，所以，多食葱叶对人体极为有益。

丝葱、冬葱的种植方法

种植球根

丝葱和冬葱都是在夏末到初秋时种植球根来栽培。在花槽里每隔 10cm 挖一个深 5cm 左右的穴，种上 2 棵球根。覆土时把尖尖的头露出来，然后浇上水。等葱苗长到高 5 ~ 6cm 时，追肥、培土。

丝葱和冬葱都是在夏末到初秋时种植球根来栽培的。

收获

和叶葱一样，采收时保留 3cm 左右的根。追肥后还会再长出葱叶，可以重复采收。如果要保留球根，等叶子枯萎后，挖出球根放在阴凉处干燥即可。

葱叶长到20cm左右时采收。

洋葱

有促进血液循环功效的健康蔬菜

在古埃及时期就开始种植，和胡萝卜一样，可以让人的精力更加充沛，是一种营养丰富的蔬菜。由于栽种方法十分简单，所以只要空间允许，多种一些洋葱吧！

❗关于采收的时间！

如果想让洋葱放得久些，就早点采收。如果想让洋葱更好吃，就晚点采收。

科名	百合科
植株大小	宽 10 ~ 15cm、高 40 ~ 50cm
播种	9 月~ 10 月上旬
种植幼苗	11 月
收获	次年 5 ~ 6 月

洋葱是世界上食用最为广泛的蔬菜之一，是可以用于搭配任何菜肴的万能蔬菜。生吃辛辣，炒食微甜，食用方法多样。初夏采收后，把洋葱悬挂在阴凉的地方，可以保存到第二年。建议栽种适合花盆种植的直径为 2 ~ 3cm 的小洋葱。

葱叶开始歪倒时，就是收获的最佳时期。

营养与健康

预防脑梗死　预防高血压

洋葱中含有一种硫化丙烯基——大蒜素，是葱类作物中共有的刺激成分。它可以促进血液循环，从而有效预防脑梗死、脑血栓和动脉硬化等病症。洋葱中含有丰富的钾，不仅可以把人体内多余的钠排出体外、抑制血压升高，还可以促进积压在肾脏里的废弃物的排出。

洋葱的种植方法

播种、种植洋葱苗或球根

洋葱一般是在苗床里播种育苗之后，11 月份左右移植到花盆里，次年 5 ~ 6 月份采收。也可以直接购买洋葱苗栽种。除此之外，还可以在夏末购买小球根种植，当年采收。如果是小洋葱，可以在花盆里直接播种，任其自由长大。

每隔 10cm 左右栽上一个球根。关键是要把球根的 2/3 都露出来。

收获和保存

大部分叶子歪倒的时候就可以收获了。等叶子完全枯萎的时候采摘的洋葱反而不易保存。把已经收获的洋葱放在阳光下晾晒 2 ~ 3 天后，悬挂在通风好的阴凉处保存即可。

如何采摘到更好吃的洋葱？

虽然不易保存，但是如果比较在意洋葱的味道，建议晚 1 ~ 2 周再采收。等叶子变得毕毕剥剥的时候，洋葱中的糖分会大幅提升，就可以采摘到更好吃的洋葱了。

明日叶

可以预防癌症和阿尔茨海默病的健康蔬菜

明日叶作为日本青汁的原料之一，是一种营养丰富的绿叶蔬菜。其清香和微苦的味道很容易让人上瘾，并为之如痴如醉。明日叶的寒热适应性较差，要注意做好温度管控。

第二年收获！

第一年集中让植株长大、长粗，第二年再开始收获，采摘新叶。

科名	芹科
植株大小	宽 50 ~ 80cm、高 80 ~ 120cm
播种	4 ~ 5 月
收获	6 ~ 11 月（或者次年 6 ~ 11 月）

明日叶是原产于日本的常绿宿根草，特点是一次种植之后每年都可以收获。生长速度很快，摘下嫩叶后第二天就又会长出新的叶子，因此得名“明日叶”。其香气成分香豆素和查尔酮可以抑制大脑衰老、有效预防癌症，是一种营养价值极高的蔬菜。

无须追肥就可以茁壮生长。

营养与健康

预防阿尔茨海默病　调节肠道作用

明日叶是日本青汁的原料之一，是一种营养价值极高的蔬菜。其独特的香气成分香豆素有抑制大脑衰老的作用，有助于预防阿尔茨海默病。同时，被称作查尔酮的类黄酮成分具有很强的抗衰老的作用，可以有效预防癌症。此外，明日叶还富含具有美白肌肤功效的 β - 胡萝卜素和具有调节肠道作用的膳食纤维。

明日叶的种植方法

种植幼苗、追肥和浇水

虽然可以播种培育，但如果只是种几棵，建议购买菜苗栽种。在气温开始回暖的 4 ~ 5 月份种植即可。在 10 号（直径 30cm）以上的大花盆里定植 1 棵。每月施 1 次液肥。由于明日叶耐干旱能力较差，所以一旦发现土壤变干了，就要立即浇水。

栽上幼苗 3 周后收获。

收获

虽然第一年也可以收获，但是为了让植株在当年长大长粗，最好不要在当年收获。等到第二年的时候，保留旧叶，采摘新芽或新叶。因为很快又会冒出新芽，所以明日叶的采收期很长。

黄麻

有黏性的健康蔬菜

黄麻在中国长江以南地区广泛栽培。虽然它还不是家喻户晓的蔬菜，但营养价值极高。

！采收时只采摘嫩叶！

由于可能会把开花之后结的种子和叶子一起采摘下来，所以不要采摘变硬的叶子。

科名	椴树科
植株大小	宽 30 ~ 50cm、高 50 ~ 200cm
播种	5 ~ 9 月
收获	7 月中旬 ~ 10 月下旬

以埃及为首，在中东地区和非洲各国广泛种植的蔬菜，特点是切断后有黏性。对烹调方法没有要求，无论拌炒还是做汤，味道都很好。黄麻中富含有益肠胃的黏性物质——芦丁和有助于预防癌症的 β-胡萝卜素，是一种健康蔬菜。

仅靠基肥就可以茁壮生长，生命力顽强。

减肥　保护视力

营养与健康

黄麻特有的黏性成分是被称作芦丁的黏性物质，不仅可以保护胃黏膜，还可以抑制胆固醇的吸收，具有减肥的功效。其 β-胡萝卜素的含量丰富，仅次于胡萝卜。除了可以预防视力低下，还可以预防癌症。

黄麻的种植方法

种植幼苗、追肥

虽然可以播种培育，但是由于一般家庭只要种植 2 ~ 3 棵就足够了，所以建议购买幼苗栽种。播种时，选择气温开始回暖的 5 月中旬以后，直接把种子撒到大花盆里即可。种植幼苗的时候，在 10 号（直径 30cm）花盆里种 1 棵，在 60cm 长的花槽里种 2 棵为宜。株距保持在 30cm 左右。前 2 ~ 3 天可以放置在阴凉的地方，之后要放到日照充足的地方。每 2 周施 1 次液肥。一旦缺肥，叶子就会变硬。

摘心

如果对黄麻放任不管，它会一直长到 2m 左右的高度。在幼苗长到 20 ~ 30cm 时，摘掉主茎的顶端，让侧枝生长。

收获

等黄麻长到 50cm 左右时，就可以收获了。用剪刀把带着十几片嫩叶的细枝整个剪下来。由于腋芽会接连不断地冒出，所以根据需要，逐次采收吧！

绝对不要食用种子！

黄麻的种子、荚和茎中含有一种被称为毒毛旋花子苷元的有毒物质。食用之后不仅会晕眩和呕吐，重者会致人死亡。由于可能会把开花之后结的种子与叶子一起采摘下来，所以不要采摘变硬的叶子。

唐莴苣

颜色鲜艳的叶柄最适合做沙拉

唐莴苣也被称为不断草、不知时、甜菜，地域不同，叫法也不同。它是藜科甜菜属的一到两年生的草本植物。充分享受一下自家栽培的、没有涩味的顶级美味吧！

❗ 播种前种子要在水里泡一个晚上！

唐莴苣的种子表面附着着一些抑制发芽的成分，建议在水里泡一晚，用水冲掉后再播种。

科名	藜科
植株大小	宽 5 ~ 10cm、高 10 ~ 20cm
播种	4 ~ 9 月
收获	5 月中旬 ~ 10 月

唐莴苣和菠菜一样，同属藜科植物。正如其名字“不断草”那样，无论采摘多少叶子，嫩芽都会源源不断地冒出并长大，供人长期采摘。鲜红的叶柄和碧绿的菜叶对比鲜明，美观雅致。因此，很多时候也可作为观赏性植物种植。由于其营养丰富，所以在欣赏的同时，也可以做成沙拉好好品尝。

叶子和茎的颜色丰富多彩。

营养与健康

预防夏季暑热疲倦　预防动脉硬化

唐莴苣中除了维生素，还富含钙、镁、铁等矿物质，对维持人体健康十分有益。唐莴苣可以在盛夏栽种，能有效预防夏季暑热疲倦。另外，其维生素 E 含量丰富，有助于预防动脉硬化、心肌梗死等疾病。

唐莴苣的种植方法

播种和间苗

除冬天以外，其他时间都可以播种。为了采摘到更多的间苗菜，建议散播。把种子放在水里泡一晚后更容易发芽。播种之后，覆上厚 3 ~ 5mm 的土，洒水，放置到阳光充足的地方。注意在发芽之前保持表层土壤湿润。等幼苗长到高 5 ~ 6cm 时，间苗，确保株距在 7 ~ 8cm。

播种后 1 周左右发芽，长出真叶后间苗。

收获

等唐莴苣长到高 15 ~ 20cm 时，逐次采收。可以整棵拔掉，也可以齐根剪下。如果采摘量不多，可以从外层叶子开始逐片采摘。嫩叶可以做成沙拉生吃，大点的叶子可以炒食或凉拌。

小白菜

能在花盆里种植，可以一次吃完

即使是在绿叶蔬菜几乎绝迹的隆冬时节，也可以品尝到清脆爽口的小白菜。它和萝卜一样，都是冬季的标志性蔬菜。在花盆里种植小白菜非常简单，且生长期短。

! 在结球之前施足肥料！

在小白菜生长初期，一定要施足肥料。一旦缺肥，就不会结球。

科名 十字花科
植株大小 宽 15 ~ 20cm、高 20 ~ 30cm
播种 8 月下旬 ~ 9 月上旬
收获 10 月中旬 ~ 12 月上旬

普通的白菜都重达 2 ~ 4kg，一次性吃完不太可能。一次采收后，一般都要连着吃好几天。而小白菜的重量在 1kg 左右，正好可以全家一次性吃完。小白菜不仅适合在花盆里种植，还能够长期保存，建议多种植一些。

50cm 长的花槽里可以种植 2 棵白菜苗。

营养与健康

减肥　美白肌肤

白菜的营养成分与卷心菜类似，特点是糖分与热量偏低。因此，也被认为是减肥的最佳食材。白菜富含可以美白肌肤的维生素 C、能够预防高血压的钾、骨骼发育不可或缺的钙和维生素 K 等营养物质。它还含有异硫氰酸酯，有助于预防癌症。

小白菜的种植方法

播种、间苗

虽然春季也可以播种，但是由于小白菜耐热性较差，所以建议秋季播种。播种时可以直接播撒到花盆里，也可以在育苗盆里培育后再移植。直接播种时，在 10 号（直径 30cm）花盆的 1 个穴里、40cm 长的花槽的 2 ~ 3 穴里依次播撒几粒种子。逐次间苗，最终只保留 1 棵茁壮的幼苗。

追肥

长出 6 ~ 7 片真叶时追肥，在结球之前再次追肥。要注意，一旦缺肥就不会结球。

用剪刀或菜刀齐根割下。

收获

播种之后 50 天左右，压一下结球，变硬的话就可以收获了。用绳子连外侧叶子一起捆住的话，可以一直保存到早春。

可以吃的多肉植物

即使在沙漠等干旱地区和盐分浓度高的恶劣环境里，有些植物也可以极好地适应环境生长。仙人掌和芦荟就是这类代表性植物，但是它们大多数都用于观赏或药用。近年来，越来越多的这类植物开始作为生食的蔬菜被做成沙拉食用。其中，最引人注目的就是冰叶菊和石莲花，它们都非常适合在花盆里栽种。不如自己栽种一些，品尝一下它们的味道吧！

冰叶菊

因其肉质肥厚的淡绿色叶子像冻在一起一样，看起来闪闪发光而得名。这是由一种被称为布拉塔细胞的袋状细胞从根部吸收盐分和水堆积而成的物质。冰叶菊本身就是在盐分浓度高的半干旱地区生长的一种耐盐植物，生吃有淡淡的咸味。叶子中所含的纤维醇成分可以改善肝功能，促进胆固醇代谢。另外，还有报告称其有助于治疗抑郁症。目前正作为一种健康蔬菜，不断引起人们的关注。

种植方法

建议在春天或者秋天购买幼苗栽种。在 8 号（24cm）左右的花盆里种 1 棵，在长 60 ~ 65cm 的标准大小的花槽里种 2 棵为宜。定植的时候，由于叶子特别柔软，一定要注意不要伤到叶子。由于冰叶菊不喜潮湿，所以要控制浇水的次数，等土壤变干的时候浇水即可。此外，还需要每 2 周浇 1 次浓度在 1%～ 2% 的盐水。栽上幼苗 1 个月之后，等植株直径长到 50cm 左右时就是收获的最佳时间了。如果逐片撕下叶子，腋芽就会不断长出，可以持续采收。

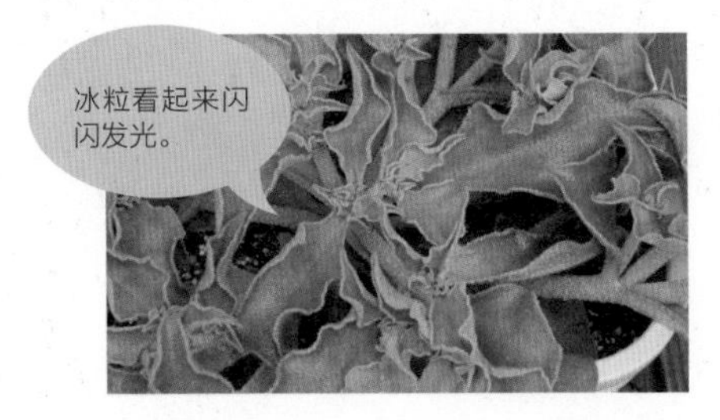

石莲花

石莲花的特点是叶子微微翘起，肥厚而娇艳，具有像青苹果一样的酸甜、清脆的口感，是一种非常有魅力的多肉植物。摘下一片叶子后，叶子的根部就会冒出新芽，并逐渐长大，是一种繁殖能力非常旺盛的植物。石莲花中含有丰富的钙、镁、维生素、矿物质、氨基酸等营养物质，栽培起来非常简单，不如自己尝试一下吧！

种植方法

一般来说，都是购买幼苗栽种。只需把叶子放在土上就可以慢慢长大。除了冬天，其他时间都可以栽种。等叶子长到 6cm 左右时就可以采收了。采收时，如果留下几片中间的叶子，等新芽再次冒出的时候就可以重复采收。除了做沙拉，切碎后做酱汤的配料或天妇罗也很美味。

下厨可用的美味香草

香草绝不是徒有美丽花朵的观赏性植物，有许多美味的香草能为餐桌带去清香并增添色彩。在欣赏五彩斑斓的香草的同时，不妨思考一下如何烹调美味，也可以尽情享受种植香草的乐趣。

欧芹

维生素 C 和 β－胡萝卜素含量丰富的香草

欧芹是以清香味为特征的伞形科两年生草本植物。欧芹在世界上是家喻户晓的香草之一，也可以作为菜肴的配菜使用。欧芹的营养价值在所有蔬菜中居于前列，值得好好品尝。

! 勤浇水！

由于欧芹耐高温和耐干旱能力较弱，所以一定要勤浇水。盛夏时，要放置在通风良好的背阴处栽种。

科名	伞形科
植株大小	宽 15 ~ 25cm、高 20 ~ 30cm
播种	3 ~ 4 月、9 月~ 10 月中旬
种植幼苗	4 ~ 7 月
收获	4 ~ 6 月、10 月中旬~ 12 月中旬

欧芹大多作为菜肴的配菜使用。只要加上少许，就可以让餐桌飘满淡淡的清香，而且连色彩也变得亮丽起来。其维生素 C 和 β－胡萝卜素的含量在众多蔬菜中居于首位，钙和铁的含量也很丰富。不仅可以用作菜肴的装饰，还可以添加到各式菜肴里，值得好好品尝。

在小花盆里也可以种植欧芹。

营养与健康

缓解便秘　预防口臭

欧芹是一种营养价值极高的蔬菜。β－胡萝卜素具有抗氧化作用，维生素 C 可以美白肌肤，膳食纤维有助于缓解便秘。此外，它还含有丰富的钙、维生素 K 和铁等成分。欧芹不仅仅是一种装饰，还是值得认真品尝的菜肴。另外，欧芹的香味是一种被称作芹菜脑的精油成分，可以有效预防口臭并增进食欲。

欧芹的种植方法

播种、间苗和浇水

对于欧芹来说，春秋两季是播种的最佳时间。通常会以 7 ~ 8cm 为间隔点播，为了采摘到更多的间苗菜，也可以散播。薄薄地覆上一层土，用喷壶缓缓浇水。2 ~ 3 周后就会发芽，在此期间注意保持土壤湿润。长出真叶后，逐次间苗。由于欧芹的耐干旱能力较差，所以夏天要浇足水。

种植幼苗

如果有盆苗出售，不妨购买一个。栽种时保持株距在 15cm 左右。4 ~ 7 月份皆可种植。

收获

播种后大约 40 天，当真叶长出 10 片以上，即是收获的最佳时间。根据需要，从植株底部剪断叶柄。如果保留 8 ~ 10 片叶子，等新芽长出后，还可以采收很长一段时间。

根据需要，从植株底部剪断采收。

细叶芹

法国菜中不可或缺的香气浓郁的香草

清香和微甜的细叶芹近年来的人气不断高涨。可以用作沙拉的调味汁，也可用作汤菜和肉菜的调味料。细叶芹的嫩叶色彩鲜艳，也可以做成沙拉品尝。

❗认真浇水！

要注意避免盛夏阳光直射和干旱。光照强的日子要早晚各浇 1 次水。

科名	伞形科
植株大小	宽 10 ~ 30cm、高 10 ~ 70cm
播种	3 ~ 4 月、9 月~ 10 月中旬
收获	4 ~ 6 月、10 月中旬~ 12 月中旬

与意大利欧芹相似的伞形科香草。淡绿色的叶子柔软纤细，5 月份开出的白色小花美丽可爱。它是法国菜中不可缺少的食材。和欧芹一样，可以用作各式各样菜肴的作料。虽然在花盆里栽种细叶芹简单省事，但是由于其耐干旱能力较差，要注意多浇水。

叶子柔软，清香。

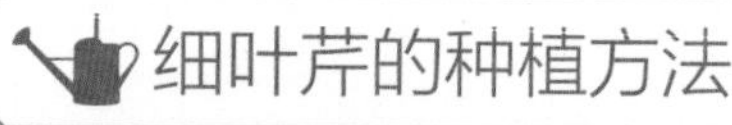

营养与健康

细叶芹中含有丰富的维生素和矿物质，在众多香草当中尤以其较高的营养价值而为人所熟知。因此，在欧洲也被当作药草使用。细叶芹具有解毒的作用，可以缓解关节疼痛，还可以作为化妆品使用，具有美白肌肤的功效。另外，其香气成分可以增进食欲、促进消化。

细叶芹的种植方法

播种

可以把种子直接播撒到花盆里。虽然春秋两季皆可播种，但春播易抽薹，需要及早采收。由于细叶芹耐干旱和强光直射的能力较差，必须勤浇水，并放置在通风良好的半阴凉处栽种。只要基肥充足，就不需要追肥。也可以购买幼苗定植。

收获

等细叶芹长到高 20cm 时，就可以收获了。如计划明年继续栽种，可以保留 1 ~ 2 棵，使其开花，等种子撒落之后就会发芽。

注意避免夏季强光直射。如果长出花蕾之后及早摘掉，则可以延长收获时间。

三叶芹

可以与任意菜肴搭配的水芹原种

三叶芹除了能够降低血糖，还具有抗菌作用和镇静作用，是一种药效极高的香草，其香气还有助于增进食欲。三叶芹可以与日式、西式或中式等任意菜肴搭配。把三叶芹添加到各式各样的菜肴中好好品尝一下吧！

覆土要薄！

三叶芹的种子是喜光性种子，所以播种之后要少撒些土。

科名	伞形科
植株大小	宽 20 ~ 30cm、高 20 ~ 30cm
播种	5 ~ 7 月、9 月
收获	7 月中旬 ~ 12 月中旬

外观类似意大利欧芹，是被称为水芹原种的小型水芹。水芹只是将其叶柄改良后变粗而已。虽然大小不同，但口味与水芹相似。叶子和茎十分柔软，可以做成沙拉或汤来食用，也可以用作肉菜的除味作料。

放在向阳的地方栽种。

营养与健康

镇静效果　预防高血压

三叶芹中含有瑟丹内酯、芹子烯等 40 余种香气成分。这些香气成分不仅可以让人放松，还有增进食欲的效果。三叶芹的叶子中含有大量维生素，可以有效促进血液循环。此外，β – 胡萝卜素和维生素 C 的含量丰富，有助于预防高血压和感冒。

三叶芹的种植方法

播种、间苗

播种的最佳时间是 5 ~ 7 月或 9 月。采取散播方式。由于三叶芹的种子是喜光性种子，所以覆土要薄。种子较小，浇水要缓慢，不要把种子冲走。长出 3 ~ 4 片真叶时间苗，确保株距在 3 ~ 5cm。

均匀播撒种子，薄薄地覆上土即可。

长出真叶后，用镊子间苗。

收获

等三叶芹长到高 10cm 左右时，根据需要逐次采收。如果保留距根部 3 ~ 4cm 的高度再剪下，还会再长出新芽，可以二次收获。

细香葱

粉色花朵美丽可爱，丝葱的同类作物

❗ 留出距根部 2 ~ 3cm 的长度！

收获时留出距根部 2 ~ 3cm 的长度后再割下，很快就会长出新的叶子，可以多次采收。

科名	百合科
植株大小	宽 10 ~ 15cm、 高 20 ~ 30cm
播种	3 月中旬 ~ 5 月、 9 月上旬 ~ 10 月上旬
种植幼苗	4 月上旬 ~ 5 月下旬、 9 月中旬 ~ 10 月下旬
收获	4 ~ 11 月

外观和丝葱相似的葱科植物。特点是在 5 月左右会开出淡粉色的美丽花朵。和丝葱一样，含有芳香成分硫化丙烯基的蒜碱。细香葱的香气更为柔和。切碎之后，可以作为煎鸡蛋卷、土豆沙拉和汤的配料。

 细香葱的种植方法

可以从种子开始培育，但是为了让植株长得更大些，尽量第一年不要收获，从第二年开始收获。初次栽种的话建议购买幼苗种植。如果在春天或者秋天栽种，1 个月后即可收获。等细香葱长到高 20cm 左右时，就可以收获了。留出距根部 2 ~ 3cm 的长度后割下，只需 2 ~ 3 天，就又会长出新的叶子，可以二次采收。

细香葱非常细小，也被称为瑕夷葱。

香菜

拥有类似香椿的独特香味

❗ 如果要留种子，就少摘些叶子！

如果以留种子为目的，就要尽量少摘些叶子，让植株长大些。

科名	伞形科
植株大小	宽 30 ~ 40cm、 高 40 ~ 60cm
播种	3 月 ~ 4 月上旬、 9 ~ 10 月
种植幼苗	5 ~ 7 月、9 月
收获	7 月中旬 ~ 12 月中旬、 次年 4 月中旬 ~ 6 月

伞形科一年生草本植物，喜欢或讨厌香菜那类似香椿的独特香味的人不少。但是，香菜的种子甜香宜人，可以作为香料使用。

 香菜的种植方法

春秋两季皆可播种，可以直接播在花盆里。把种子放在水里泡一晚之后更容易发芽。一旦缺肥，幼苗就很难茁壮生长，所以需要在营养土里施基肥。等香菜长到 15cm 以上时，按需采收吧！

香菜种子。1 个壳里有 2 粒种子。

百里香

可制成香草茶或精油，有助于缓解疲劳

❗ 撒些苦土和石灰！

由于百里香不适宜在酸性土壤中生长，所以多撒些苦土和石灰吧！

科名	唇形科
植株大小	宽 5 ~ 15cm、高 10 ~ 30cm
播种	4 ~ 5 月、9 ~ 10 月
种植幼苗	5 ~ 6 月、10 ~ 11 月
收获	一年皆可

百里香的同类作物多达 350 种，但平常用到的只是被称为普通百里香的高 10 ~ 30cm 的树木类品种。它既可以用作汤和肉菜的调味料，也可以制成香草茶或精油，用途广泛。不仅有很强的杀菌作用，还有助于缓解疲劳和强身健体。

百里香的种植方法

除了播种，还可以通过插枝和分株来种植。由于从种子开始栽种花费时间较多，所以建议购买幼苗栽种。百里香不适合在酸性土壤中生长，必须多撒些苦土和石灰，少浇水。枝叶长大后，按需采收。由于百里香是多年生草本植物，所以来年也可以采收。

开花前，可以采摘香气浓郁的叶子。

洋苏草

容易栽培并且药效良好的健康香草

❗ 少施肥、少浇水！

千万不要施太多肥或浇太多水。洋苏草长大后，通过插枝就可以轻松栽种。

科名	唇形科
植株大小	宽 10 ~ 15cm、高 30 ~ 70cm
播种	4 ~ 5 月、9 月中旬 ~ 10 月中旬
种植幼苗	5 ~ 6 月、10 ~ 11 月
收获	5 ~ 10 月

洋苏草浓郁的香气可以消除肉菜的异味。有红洋苏草、紫洋苏草和俄罗斯洋苏草等不同的品种。煎其叶子饮用，有缓解喉咙疼痛和改善消化不良的功效，药效良好。在室内种植简便易行，广受好评。

洋苏草的种植方法

虽然可以从种子开始种植，但由于其生长期较长，所以建议购买幼苗栽种。洋苏草不适宜在高温潮湿的环境下生存，一定要少浇水，也不需要过度施肥。洋苏草是多年生草本植物，来年也能收获。植株寿命在 3 ~ 4 年，在其枯萎之前通过插枝栽种即可。

不易受害虫侵袭，栽种简单。

莳萝

连种子也香气浓郁，北欧的代表性香草

不要摘掉顶端生长点！

一旦摘掉顶端生长点，植株就不会再长大。所以摘叶时，要从外侧的叶子开始采摘。

科名	伞形科
植株大小	宽 50 ~ 100cm、 高 70 ~ 150cm
播种	3 ~ 5 月、9 ~ 10 月
收获	3 ~ 8 月

莳萝又被称作“土茴香”，是伞形科一年生草本植物，在北欧用来去除鱼腥味。不仅叶子有香味，连种子也有浓郁的香气。除了做咖喱，还可以用作面包和曲奇的调味剂。黄色的小花朵朵盛开，鲜艳夺目。

莳萝的种植方法

在春天或秋天把种子直接播撒到花盆里即可。等到莳萝长至 1m 以上时，要更换深而大的花盆。放置在向阳的地方，勤浇水。从外侧叶子开始按需采收。由于莳萝不会分枝，所以要注意不要摘掉顶端的生长点。

莳萝不适宜在背阴处生长，需要放置在向阳的地方。

迷迭香

有助于抗衰老的香草

用大花盆！

因为植株有时会长到 2m 高，所以必须选用深而大的花盆。

科名	唇形科
植株大小	宽 10 ~ 50cm、 高 30 ~ 200cm
播种	4 ~ 5 月、9 月
种植幼苗	4 ~ 6 月、9 ~ 10 月
收获	一年皆可

迷迭香是原产于地中海沿岸的唇形科灌木，自古以来在欧洲就被用作香辣调味料和草药。近年来，迷迭香饱含刺激性的香味在日本也受到广泛欢迎。不仅可以提高记忆力，还有助于抗衰老，也被称为“返老还童的香草”。

迷迭香的种植方法

从种子开始栽培需要花费较多时间，建议购买幼苗栽种。由于植株最高能长到 2m 左右，所以最好使用大花盆。迷迭香不适宜在太湿润的环境下生长，要少浇水。采收时，整枝剪下。把剪下的枝干直接插到土里，就可以轻松地长出新的植株。

建议在梅雨前和晚秋时节剪枝，促进植株通风。

洋甘菊

让人放松，散发甘甜香气的香草

任其自然播种！

最容易栽培的是德国洋甘菊，可任其自然播种，来年也可以自由生长。

科名	菊科
植株大小	宽 15 ~ 40cm、 高 20 ~ 60cm
播种	3 ~ 4 月、9 ~ 10 月
种植幼苗	4 月、10 月
收获	春播 6 ~ 7 月、 秋播 次年 4 ~ 5 月

一到春天，洋甘菊就会开出美丽的白色小花。用干燥的花瓣加热水沏成的香草茶，会散发出像苹果一样的甘甜香气，让人无比放松。在花盆里栽种方便，自然播种即可发芽。一旦种上之后，每年都可以收获。

洋甘菊的种植方法

洋甘菊的种子是喜光性种子，播种后要少撒土。播种的最佳时间是 3 ~ 4 月和 9 ~ 10 月。如果购买幼苗栽种，建议选择 4 月和 10 月。春播的开花时间是 6 ~ 7 月，秋播的开花时间是次年的 4 ~ 5 月。

花谢之后，建议剪掉残花。

牛至

和奶酪完美搭配的香气浓郁的香草

在开花前收获！

由于开花之后，叶子变硬而且口味不佳，所以在开花前采收为宜。

科名	唇形科
植株大小	宽 40 ~ 80cm、 高 40 ~ 80cm
播种	3 月中旬~ 4 月、 9 月中旬~ 9 月下旬
种植幼苗	4 月、10 月
收获	6 ~ 10 月

与初夏时盛开的淡紫色的美丽花朵形成鲜明对照的是，干燥后的叶子散发着一股浓郁的香气。这股浓郁的香气与奶酪完美搭配，是意大利比萨不可缺少的作料。除了可以调节肠胃、促进消化，还可以强身健体，适合在感到疲惫的时候食用。

牛至的种植方法

春天和秋天在育苗盆里播种，等长出 6 ~ 8 片真叶时，在花盆里定植。如果从种子开始栽种，需要等到第二年才可以收获。购买幼苗栽种的话，6 ~ 10 月份即可收获。采摘香气浓郁且马上就要开花的叶子。叶子干燥后，香气会更浓郁。

由于牛至不适宜在高温潮湿的环境下生存，所以最好在梅雨前剪掉一些叶子，促进通风。

薄荷

清香怡人，可作芳香剂

及时采收！

及时采收薄荷，以免叶子混杂导致通风变差。等植株长得茁壮一些再采收，可以延长收获时间。

科名	唇形科
植株大小	宽 5 ~ 40cm、 高 20 ~ 100cm
播种	3 月中旬 ~ 5 月中旬、 9 月中旬 ~ 10 月中旬
种植幼苗	4 ~ 5 月、10 月
收获	4 ~ 11 月

就像嚼薄荷口香糖尝到的那样，薄荷是一种拥有令人畅快的清爽香气的香草。这是由于薄荷中含有清凉感十足的薄荷脑。欧薄荷和荷兰薄荷是其代表性品种，还有苹果薄荷和菠萝薄荷等具有水果香味的薄荷，种类十分丰富。

薄荷的种植方法

虽然也可以从种子开始栽种，但是如果是初次尝试，最好购买幼苗栽种。播种和种植幼苗都建议选在春季或秋季。无须施太多肥料。由于薄荷耐干旱能力较差，所以要勤浇水。采收时，根据需要，先采摘顶端的叶子。及早采摘，以免叶子混杂碰触。

放置在半阴凉且通风好的地方。

柠檬草

柠檬的清香非常有魅力

到 11 月份时，把花盆搬到室内

由于柠檬草耐寒性差，所以到 11 月份时，就要把花盆搬到温暖的室内过冬。等到春天再栽种。

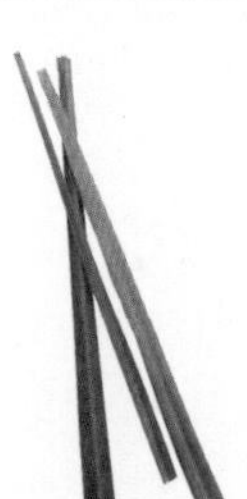

科名	禾本科
植株大小	宽 40 ~ 80cm、 高 80 ~ 120cm
种植幼苗	4 月中旬 ~ 9 月中旬
收获	6 ~ 10 月

虽然看起来像杂草，但是只要轻轻一闻，那宛如柠檬一般的清新香气就会萦绕在鼻尖，令人不可思议。常见于泰国菜，泰国冬阴功汤的清香味就在于添加了切碎的柠檬草茎。除了叶子部分可以用作香草茶，茎叶还可以提取柠檬香精油，用以制作香水、肥皂。

柠檬草的种植方法

柠檬草是热带作物，耐酷暑，不耐严寒。由于其无法从种子开始栽种，所以一般都是在春季栽上幼苗，初夏收获。等到寒风肆虐的 11 月份时，齐根割断叶子，把花盆搬到温暖的室内过冬。等春天变暖时，分株，再重新栽种。

由于柠檬草不适宜在酸性土壤中生存，所以要撒石灰中和土壤。

柠檬香蜂草

以柠檬的香气和心形的叶子为特征

❗ 留出距根部 10cm 的长度！

如果留出距根部 10cm 的长度再采收，长出腋芽后还可以二次采收。

科名	唇形科
植株大小	宽 10 ~ 40cm、 高 30 ~ 100cm
种植幼苗	4 ~ 5 月、9 ~ 10 月
收获	一年皆可

柠檬香蜂草是一种拥有柠檬清香的人气香草，其心形的叶子是一大特征。一到初夏，叶子根部就会开出白色的小花。由于采食花蜜的蜜蜂络绎不绝，也被称为“蜜蜂花”。生叶可以用作菜肴或甜点的调味料，烘干后的叶子可以制成香草茶饮用。

柠檬香蜂草的种植方法

虽然可以从种子开始栽种，但是为了让植株茁壮生长，第一年尽量不要收获，从第二年开始收获。初次种植的话，建议购买幼苗栽种。如果在春天或秋天栽种，1 个月后即可收获。等柠檬香蜂草长到高约 20cm 时采收。留出距根部 10cm 左右的长度，割下。只需 2 ~ 3 天，又会长出新叶，可以二次采收。

耐寒性好，容易栽培。自然播种长大，生命力顽强。

柠檬马鞭草

柠檬味香草

❗ 冬季要在温暖的室内种植！

由于柠檬马鞭草耐寒性差，所以冬季要把花盆搬到温暖的室内。等到春天时就又会发出新芽。

科名	马鞭草科
植株大小	宽 10 ~ 30cm、 高 50 ~ 150cm
种植幼苗	4 ~ 6 月
收获	5 ~ 10 月

柠檬马鞭草是原产于南美的马鞭草科的多年生灌木，可以释放类似柠檬的浓郁香气。可用作鸡肉菜肴、各种甜点和饮料等的调味品。为洗手盅的水添加柠檬香的时候用到的就是柠檬马鞭草。它不仅能够增进食欲，还具有促进消化的功效。通过简单的插枝就可以栽种。

柠檬马鞭草的种植方法

由于从种子开始种植柠檬马鞭草有些难度，所以建议在春天购买幼苗栽种。柠檬马鞭草耐寒性差，在冬天最好把花盆搬到室内栽种，次年春天就又会发出新芽。另外，柠檬马鞭草喜干燥，不要浇太多水。由于其繁殖能力旺盛，需要从土里吸收大量养分，所以一定不可缺肥。从第二年开始，采收的同时修剪枝干。通过修剪，可以促进腋芽生长，并让植株变得更大。

长势茂盛，需施足肥料。

茴香

花开如烟火一般的美丽香草

不要和莳萝一起栽种！

莳萝开出的花与茴香相似。如果将其种在茴香附近，两种植物就会混杂生长。一定注意不要将两者一起栽种。

科名	伞形科
植株大小	宽 50 ~ 80cm、高 80 ~ 200cm
播种	3 ~ 5 月、9 ~ 10 月
种植幼苗	4 ~ 5 月、9 ~ 10 月
收获	6 ~ 12 月

黄色的花瓣四处飘散的美丽姿态，宛如烟火一般。茴香拥有像线一样细长的叶子和酸橙的香气，是伞形科多年生草本植物。茴香从古罗马时代就已经被种植，是历史上最古老的作物之一。由于其可以消除鱼的腥臭味，也被称为“鱼香草”。把它加到沙拉或菜汤里吧！

茴香的种植方法

茴香扎根很深，需要使用较深的花盆。播种的最佳时间是春季和秋季。要在向阳的地方栽种。自然播种即可轻松长大，繁殖力强，容易栽培。地上部分的枝干冬天会枯萎。但一到春天就又会发芽、长大。一次栽种之后可以采收很多年。

不仅可做沙拉和汤，还可以用来消除鱼的腥味。

月桂（月桂叶、月桂树）

把象征胜利和光荣的叶子做成调味料

把叶子阴干之后再用！

比起生叶，干燥后的叶子香气更加浓郁。把采收后的叶子放在背阴处风干后再保存吧！

科名	樟科
植株大小	宽 0.5 ~ 3m、高 1 ~ 10m
播种	3 ~ 4 月
种植幼苗	4 ~ 5 月、9 月
收获	一年皆可

月桂叶是在古希腊被奉为胜利和光荣的象征的月桂树的叶子。月桂叶可以用作各式各样的菜肴的香辣调味料。比起生叶，干燥后的叶子香气更加浓郁，建议采摘后烘干使用。月桂树的叶子在英语中被称为“Bay Leaf”，在法语中被称为“Feuille De Laurel”。

月桂的种植方法

选择大花盆栽种。虽然也可以从种子开始种植，但是一般来说，在家里种植 1 棵就足够了，因此建议购买幼苗栽种。最好种在向阳的地方，也可以把月桂放在半阴凉处。第一年为了让植株长大，不要采收，从第二年开始采收。月桂原本是高逾 10m 的大型乔木。注意经常修剪枝干，以免其长得过大。

生命力顽强，长势茂盛。1 年内需要多次修剪枝干。

香草赏析

有很多自古以来就被用作香料或作料的植物，如三叶、山椒、生姜等。它们并不比西方的香草逊色，同样拥有令人心旷神怡的香气。如果你有这样一盆香草，一定要好好珍惜。

三叶

伞形科多年生草本植物。由于其叶子分成 3 片，所以得名“三叶”。它是初夏时节具有代表性的野菜，也是清汤调味不可缺少的食材，广受欢迎。其清爽的香气不仅可以增进食欲，还具有镇静的效果和预防宿醉的功效。三叶中含有大量 β– 胡萝卜素，有助于抗衰老。

种植方法

播种的最佳时间是春季和秋季。在深达 15cm 以上的花盆或花槽里就可以轻松栽种。条播和散播皆可。发芽之前要勤浇水，保持土壤湿润。建议种植在明亮的背阴处。采收时，如果留出距根部 3 ~ 4cm 的长度割下，就还会长出新叶。

山椒

山椒是香辣调味料的一种，食用方法多样。包括带着嫩叶的树芽（放在掌心轻轻拍打后香气更浓）、带着花的花山椒，还有把未成熟的果实放在酱油里煮的煮山椒和把成熟的花椒磨成粉的山椒粉等。

种植方法

山椒不仅耐高温和干旱的能力较弱，还很难顺利适应环境变化，因此在室外栽培的难度较大。建议在环境变化不大的向阳的室内栽种。一旦购买幼苗定植，就可以任其自由长大。尤其注意不要让山椒缺水。

生姜

从公元前开始，古印度就已经把生姜作为药品使用。它是姜科的多年生草本植物。唐朝时期由中国传入日本。除了把姜根磨碎做成作料，做成红姜或用甜醋腌渍也非常受欢迎。

种植方法

在 4 月中旬 ~ 5 月中旬，把分成 40 ~ 50g 不等的生姜块作为种子间隔 20 ~ 30cm 播种。一直到 8 月中旬左右，追肥并培土。到 10 月中旬 ~ 11 月中旬，叶子枯萎，根开始长大时，挖掘采收。

香草的功效

香草的最大功效就是可以抑制神经紧张。饮用薰衣草或洋甘菊等香草茶时，其柔和的香气可以让人心境平和，具有安眠的作用。薄荷可以缓解鼻塞的症状，放松心情。迷迭香可以缓解疲劳。而且，很多香草都会开出美丽的花朵，只是欣赏一下也可以让人心情舒畅。

营养丰富的果实类蔬菜

一到夏天，果实类蔬菜渐渐成熟，为花盆菜园增色不少。当黄瓜、茄子、苦瓜、青辣椒、秋葵等鲜嫩的蔬菜装满菜篮时，那种喜悦是任何事情都无法替代的。充分感受一下与香草大不相同的收获喜悦吧！

茄子

无论是蒸还是炒，都美味可口的夏季经典蔬菜

茄子、黄瓜、番茄等，都是夏季的经典蔬菜，广受欢迎。只需种上 1 ~ 2 棵茄子苗就可以采摘到很多茄子。因此，不妨购买几棵茄子苗栽种吧！只要稍微下点功夫，就可以一直收获到秋天。

科名	茄科
植株大小	宽 40 ~ 100cm、高 60 ~ 100cm
种植幼苗	4 月下旬 ~ 5 月中旬
收获	6 月下旬 ~ 10 月

据说在很久以前，人们就已经开始种植茄子，茄子是自古以来就被人们所熟知的夏季蔬菜，味道清淡，吸油，采用煮、烧、炸、炒等烹饪方法皆可。茄子的种类丰富，除了最受欢迎的中长型茄子，还有垒球大小的圆茄子、长 5 ~ 8cm 的小茄子及鲜嫩的水茄子等。虽然大多数人都觉得茄子皮没有什么营养价值，但其实茄子表皮含有的茄色苷具有抗癌等功效。因此，建议连皮一起吃。

时常修剪枝丫，可以一直收获到秋天。

营养与健康

缓解眼部疲劳　抗衰老

茄子皮中含有一种多酚成分——茄色苷。由于其可以缓解眼部疲劳、延缓衰老、抑制癌细胞，所以在烹饪时尽量不要削皮。另外，茄子中含有丰富的钾，可以促进人体内多余钠的排出，抑制血压升高。

为什么说“秋茄子不要给儿媳妇吃”？

有人认为是因为秋茄子好吃，所以阴险的婆婆觉得“给讨厌的儿媳妇吃太浪费了”，是婆婆虐待儿媳妇的一种表现。也有人认为秋茄子会让人体寒，婆婆担心儿媳妇食用过多会怀不上宝宝，是“为儿媳妇着想”的一种表现。另外，媳妇在日语中也写作“夜目”（是老鼠的意思），因此也有人认为是“如果被老鼠吃掉就太难以忍受”的意思。总之，不管是哪种解释，都暗含了“秋茄子好吃”这一点。

茄子的同类作物

小茄子

长 5 ~ 8cm 的小茄子。多用来做咸菜。

美国茄子

美国品种，改良后的大茄子。果肉较硬，适合加热烹饪。

白茄子

不含花青素的白茄子。外皮较硬，适合炒食。

水茄子

生吃也非常鲜嫩可口。

茄子的种植方法

种植幼苗

如果从种子开始种植茄子，需要花 2 个月以上的时间才能培育出茄子苗。因此，一般都是购买茄子苗栽种。栽种的最佳时间是 4 月下旬～ 5 月中旬，在 12 号花盆（直径 36cm）里栽种 1 棵或在花槽里间隔 30cm 左右栽种即可。

最好准备 12 号花盆。栽上幼苗后立支架固定。

❗ 留主枝和 2 个腋芽长大，保持三足鼎立。

只留主枝和紧挨着花下面的 2 个腋芽长大，保持三足鼎立的基本格局。其他腋芽统统摘掉。

追肥和浇水

茄子比其他蔬菜需要更多的肥料和水。每天浇水 1 次（夏季浇 2 次），隔 1 ～ 2 周施 1 次液体肥料或堆肥。如果持续缺肥或缺水，茄子长势衰弱，受精能力下降，就会结出被称为“石茄子”的坚硬果实。

剪枝

栽上幼苗 2 周后，修剪枝干。只保留主枝和紧挨着花下面的 2 个腋芽，共 3 个枝干长大。其他下面的腋芽全部摘掉。

勤浇水！

由于茄子耐干旱能力特别差，一旦缺水，就会结出不好的果实。特别是在花盆里，浇水后干得快，必须勤浇水。在茄子根部铺上枯草等，可以有效减少水分蒸发。

收获

结果后，及早采收。如果采摘晚了，不仅茄子表皮不再光亮且变硬，植株本身的长势也会变弱。过了农历七月十五之后，为了秋茄子的丰收，再次修剪枝干。采用“修整剪枝法”，把各个枝干剪短至一半，到 9 月份时就可以采摘秋茄子了。同时，为了避免连年种植的弊端，几年之内都不要用去年用过的土种植茄科蔬菜（如番茄、土豆、青椒等）。

茄子的保存方法

由于茄子的水分很容易蒸发，所以必须逐个用保鲜膜包好放进冰箱保存。如果想长期保存，可以烹饪之后盛入密闭容器里，再放入冰箱保存。

美味食谱推荐

好想尝到更美味的茄子！

蒸茄子

材料［2 人份］

茄子　3 个

Ⓐ 蒜末　50 克
酱油　1 大匙
盐　1/3 小匙
豆瓣酱、白糖、香油　各 1/2 小匙

做法

把茄子去蒂，放在热气腾腾的蒸锅上，用大火蒸 10 分钟。取出来放凉，撕成可食用大小，盛入盘子里，然后加入Ⓐ项的所有作料搅拌均匀即可。

一道超辣、超好吃的夏季菜肴！

黄瓜

夏季餐桌上不可缺少的鲜嫩蔬菜

无论是做成沙拉还是腌成咸菜都十分美味。黄瓜具有降温去火的作用，可以有效缓解夏季暑热的症状。只要种上 1 ~ 2 棵黄瓜苗，就可以天天采摘到新鲜的黄瓜。

科名 葫芦科
植株大小 宽 40 ~ 100cm、高 100 ~ 200cm
种植幼苗 4 月下旬 ~ 5 月中旬
收获 6 ~ 8 月

黄瓜入口清脆、鲜嫩可口，是夏季餐桌上不可缺少的食材。可以做成沙拉，还可以用醋拌成凉菜或腌成咸菜，不过，生吃黄瓜的情况占大多数。在花盆里栽种黄瓜时只要认真浇水，基本没有太大难度。好好品尝一下清晨采摘到的新鲜黄瓜吧！

如果果实长得太大，味道就会变差。所以，一旦长到合适大小，就赶紧采摘吧！

营养与健康

预防高血压　利尿消肿

虽然往往被认为是营养价值低的蔬菜，但其实黄瓜中含有丰富的钾，可以促进人体内钠离子的排出。由于其水分含量大，人们在夏季很容易多食，钾的摄入量自然也会增多。黄瓜除了可以缓解暑热不适和预防血压升高，还具有利尿的作用，有助于消除水肿。

黄瓜面膜有效吗？

把黄瓜切成薄片后的黄瓜面膜贴在皮肤上是一种可以美白肌肤的美容方法。这是因为黄瓜表面的凸起上附着有“果粉”，是一种白色的粉末，其含有大量硅素和锰离子，具有极高的代谢和免疫功能。但是，现在市场上出售的大部分黄瓜都几乎不含果粉。所以即使用这些黄瓜做面膜，可能也达不到理想的效果。还是寻找一下带有白色粉末的黄瓜吧！

荷兰黄瓜

抗病性强、容易栽培的黄瓜。左侧的黄瓜为最佳时期收获的。如果像右侧那样长得太大，就会增加植株负担，造成不良后果。

迷你黄瓜

适合在花盆里种植的小黄瓜。左侧黄瓜是“迷你 Q”，右侧黄瓜是“迷你棒”。

黄瓜的种植方法

种植幼苗

4月下旬～5月中旬，建议在深达20cm以上的花盆或花槽里栽种已购买的幼苗。如果从种子开始种植，就要在4月上旬左右在育苗盆里播种。长出3～4片真叶时定植。栽上之后，要立上坚固的支架，并用带子把茎系在支架上，以免幼苗倒伏。

准备长30cm以上、深20cm以上的大花盆。栽上黄瓜苗后，要把土压实。

藤蔓攀爬时，要记得把它牵引到支架上。如果主枝的长度超过了支架的顶端，可以摘心，以控制长势。

夏季早晚各浇1次水！

众所周知，“黄瓜就是用水养出来的”，所以水对黄瓜至关重要。遇到光照强的日子，早晚要各浇1次水。

黄瓜的保存方法

用保鲜膜裹好后竖着放进冰箱，可以保存4～5天。将黄瓜浸泡在盐水中，可使黄瓜的保鲜期延长至20天左右。

收获

栽上黄瓜苗30天后，就会开花并逐次结果。从长得大小合适的黄瓜开始，逐次采收。如果黄瓜秧的顶端超过了支架的高度，可以摘心，控制长势，也可根据需要对分支藤蔓摘心。

如果长得太大，味道就会变差。所以要及早采摘。

美味食谱推荐

好想尝到更美味的黄瓜！

韩式拌黄瓜

材料［2人份］

黄瓜	1根
盐	适量
Ⓐ香油、炒熟的白芝麻	各1/2匙
白糖、酱油	各1/2匙
豆瓣酱、盐	各少许

做法

把黄瓜沾满盐后在案板上滚一下，用自来水冲洗。再用木棒敲打后，切成3～4cm的长条。把Ⓐ项的所有作料倒入碗里搅拌后，再加入黄瓜条拌一下即可。

根据个人偏好，也可以放入红辣椒，同样美味可口。

苦瓜

以苦味勾起食欲的营养丰富的夏季蔬菜

苦瓜以味苦得名，原产于东印度地区，在中国、日本和印度等地栽培历史悠久。苦瓜营养丰富，有清热解毒、滋养肌肤等功效，有助于排出体内毒素。随着知名度不断提升，苦瓜逐渐成为夏季的经典蔬菜且广受欢迎。

科名	**葫芦科**
植株大小	**宽 50 ~ 100cm、高 1.5 ~ 2m**
种植幼苗	**5 月上旬 ~ 6 月中旬**
收获	**7 月中旬 ~ 10 月中旬**

作为夏季的避暑良策之一，很多人都选择在窗边种植苦瓜。除了繁殖能力旺盛、生长速度快及可以作为绿色窗帘，不需要花费太多精力打理也是苦瓜广受欢迎的理由之一。苦瓜独特的苦味除了可以在夏季勾起食欲，还富含维生素 C 和钾。因此，多摘几个苦瓜好好品尝一下吧！

白苦瓜的特点是苦味较淡。

营养与健康

增强肝功能　预防夏季中暑

苦瓜的苦味成分是一种由皂苷和氨基酸等构成的被称为苦瓜蛋白的功能性物质。它有很多功效，除了可以增强肝功能，还可以降血压、降血糖、刺激肠胃和增进食欲。苦瓜有降温除热的功效，可以预防夏季中暑。苦瓜中所含的维生素 C 在加热后仍不易被破坏，所以即使炒食，其营养价值也不会降低。

结果不良时要人工授粉

苦瓜和稻科作物一样，同属雌雄异花植物。如果不借助昆虫之手，就无法完成授粉。当昆虫稀少之时，需要人工动手把雄花的花粉涂抹到雌花的花蕊上。如果结果不良，就尝试一下人工授粉吧！

苦瓜的同类作物

尝试种植光滑苦瓜、白苦瓜、圆苦瓜和矮小苦瓜等各种各样的苦瓜吧！
※ 矮小苦瓜仅作观赏用，不可食用。

苦瓜的种植方法

种植幼苗

虽然可以从种子开始种植，但由于苦瓜很容易受到晚霜的侵害，所以还是购买幼苗种植为宜。栽种苦瓜苗时，确保株距在 25cm 以上。苦瓜是藤蔓类植物，必须准备好供藤蔓攀爬的网。为了结出更多的果实，等长出 5 ~ 6 片真叶时，建议对主藤摘心，保留 4 根左右的支藤生长。

如果想让苦瓜长成绿色窗帘，就要准备好长长的花槽和网。株距在 25cm 左右。种植不同种类的苦瓜，乐趣无穷。

不要忘记把藤蔓牵引到网子上。

❗ 牢牢固定支架！

牢牢地固定好支架和网子，确保其不会被风吹倒后，再把藤蔓牵引过去。

苦瓜种子的取得方法

未采摘的苦瓜果实完全成熟后就会变成红色的胶状。取出里面的种子，放在背阴处晾干后，来年就可以播种。在温水里泡一晚之后会更容易发芽。

收获

开出第一朵花之后，追第一次肥。在开出雌花 15 ~ 20 天之后，即是收获的最佳时期。如果摘晚了，苦瓜就会熟透并变成红色，需要及早采摘。

长至长 15 ~ 20cm 时即可采摘。

苦瓜的保存方法

由于苦瓜大多从里面开始腐烂，所以要取出瓜籽和瓜瓤之后，用保鲜膜裹好放入冰箱保存。也可以稍微煮过后冷冻保存。

美味食谱推荐

好想尝到更美味的苦瓜！

酱拌苦瓜油豆腐

材料［2 人份］

苦瓜 150g

油豆腐块 1/2 块

大酱调料汁（酱汤 6 大匙，甜料酒 2 大匙，鲣鱼干 10g）1.5 大匙

做法

把去掉籽的苦瓜切成薄片，微煮一下后放入凉水中冷却。和煮过并被撕成小块的油豆腐一起放在碗中，放入加过水的大酱调料汁中搅拌均匀就做好了。

大酱调料汁可以中和苦瓜的苦味。

红辣椒

辣味对人体有益，是香辣调味料的王者

从公元前6500年左右开始，墨西哥就开始栽种红辣椒。红辣椒是原产于中南美洲的一种香辣调味料，于16世纪传入中国。红辣椒的辣味成分——辣椒素可以增强免疫力、有效缓解畏寒。

早晨浇水比较好

晚上浇水会导致植株徒长。因此，比起晚上，还是在早晨浇足水比较好。

科名	茄科
植株大小	宽40～50cm、高50～70cm
种植幼苗	4月下旬～5月中旬
收获	6月～10月中旬

红辣椒一直都作为世界上最受欢迎的香辣调味料使用。除了“鹰爪”“三鹰”等辣味品种，也有“伏见甜长辣椒”和“万愿寺辣椒”等不辣的品种。所有品种的耐热性都很强，即使是初学者也可以轻松栽种。

红辣椒具有很强的抗氧化作用。

营养与健康

发汗作用　增进食欲

在红辣椒所含成分之中，最引人注目的就是其辣味成分——辣椒素。它可以促进肾上腺素的分泌，具有发汗的作用。它还具有增进食欲的作用，可以在夏季食欲不振的时候食用。红辣椒中还含有丰富的β－胡萝卜素和维生素E等营养成分。

红辣椒的种植方法

种植幼苗

建议购买红辣椒苗来种植。立支架，防止幼苗倒伏。不需要像青辣椒那样掐芽。开始结果时，追肥。栽上幼苗60天后，开始结出绿色的果实，可以采摘绿色的辣椒食用。再过1个月就会完全成熟并变得红彤彤的，把变红的辣椒干燥后保存。

在4月下旬至5月中旬栽种幼苗。

收获

当果实长到长5cm左右时，就可以采收绿色的辣椒了。等果实变红时，整株拔下，摘掉叶子后放在背阴处干燥。

在背阴处干燥后可以长期保存。

青辣椒

初学者也可以轻松收获的红辣椒同类作物

❗ 因为缺水而变辣

要注意如果持续缺水或缺肥，果实有时会变辣。

科名	茄科
植株大小	宽 40 ~ 60cm、高 60 ~ 80cm
种植幼苗	5 月
收获	6 月下旬 ~ 10 月

烹饪时吸油性好，大火爆炒后加酱油的味道最棒！如今，青辣椒似乎已经成为人们日常生活中不可缺少的食材。在自家栽种的话，就可以尝到刚摘下来的青辣椒，实在让人期待啊！

 青辣椒的种植方法

如果从种子开始种植青辣椒，需要用时 70 ~ 80 天才可以定植幼苗。因此建议购买幼苗定植。确保株距在 20cm 以上。定植后，立高 1m 左右的支架，并用绳子轻轻系好，以免幼苗倒伏。开出第一朵花后，开始追肥。每周施 1 次液体肥料或堆肥。等幼苗长大，叶子混杂时，摘掉第一朵花下面的叶子和腋芽。果实长到长 6 ~ 7cm 时就是收获的最佳时间了。如果采摘晚了，植株长势就会衰落。从大小适度的果实开始逐次采收吧！要注意如果水浇少了果实就会变辣。

采收期可以持续到秋天。

红薯

栽种时要搭好长支架，供藤蔓攀爬

❗ 用长支架牵引藤蔓

建议搭上几根长约 2m 的支架，牵引藤蔓。

科名	旋花科
植株大小	高 1.5 ~ 3m
种植幼苗	5 月
收获	9 ~ 11 月

烤红薯香甜松软的口感是其独有的魅力。红薯中含有丰富的膳食纤维，可以调节肠胃，适宜经常食用。学习一下在花盆里种植红薯的诀窍吧！

 红薯的种植方法

只要地面温度不低于 15℃，就可以购买红薯苗栽种。尽量选择较大的花盆或花槽。栽种红薯苗的时候，如果想要种出个头大的红薯就把苗竖直插进土里，如果想要种出更多的红薯，就把苗斜着栽进土里。土变干的时候要浇水，但切记不可浇太多水。如果追肥过多，则会导致藤蔓过度生长，所以也要控制施肥量。到秋天，藤蔓开始枯萎时收获。但是，收获后直接食用的话不会很甜。要放置 2 ~ 3 周红薯才会变甜。

收获后，在太阳下略晒一下之后保存。

胡萝卜

药效好、色彩鲜艳的健康蔬菜

在古希腊时代，胡萝卜就被作为药材来栽种，是一种营养价值极高的蔬菜。在自己家里种植的话，还可以尝到营养价值更高的胡萝卜叶。所以不要扔掉叶子，充分品尝胡萝卜的美味吧！

科名	伞形科
植株大小	宽 5 ~ 10cm、高 30 ~ 40cm
播种	3 ~ 4 月、7 ~ 9 月
收获	4 ~ 6 月、9 月中旬 ~ 12 月

种植红、黄、橙等各种颜色亮丽的胡萝卜也是家庭菜园的一大乐事。而且胡萝卜中除了 β－胡萝卜素，还富含很多药效极好的营养成分。即使出于美容和健康的目的，也值得多多食用。胡萝卜分为根比较长的东南亚品种和根比较短的欧洲品种。如果是在花盆里种植，建议选择欧洲品种。

不要扔掉营养丰富的叶子，好好品尝吧！

营养与健康

预防癌症　延缓衰老

即使在众多蔬菜当中，胡萝卜中 β－胡萝卜素的含量也是出类拔萃的。它可以增强人体免疫力，进而预防癌症、强健身体、预防动脉硬化等，具有多种功效。β－胡萝卜素大多存在于靠近胡萝卜外皮的地方，因此烹饪时最好削薄皮或连皮一起吃。

胡萝卜的保存方法

剪掉胡萝卜的叶子，用报纸把胡萝卜的根包好后，竖着放进冰箱保存。其叶子和根也可以冷冻保存。

胡萝卜的种植方法

播种

播种的最佳时间是春季和秋季。和春季相比，秋季受到的病虫害相对较少，更容易栽种。胡萝卜的种子是喜光性种子，可以选择不覆土，或者只撒上薄薄的一层土。发芽之前要认真浇水，保持土壤湿润。

沿着浅浅的沟槽播种，覆土一定不能太厚。

注意播种后不要撒太多土！

胡萝卜的种子是喜光性种子，播种后只需薄薄地撒一层土即可。

间苗

发芽之后适当间苗，确保最终株距在 7 ~ 8cm。每周施 1 次液肥。

发芽后，从长得混杂的地方开始逐次间苗。

收获

根逐渐变大，长至直径为 3cm 左右时就可以收获了。之前间苗时采摘的胡萝卜叶，也可以做成沙拉或炒菜食用。

胡萝卜的“肩膀头”露出来时就是收获的最佳时期。

美味食谱推荐

好想尝到更美味的胡萝卜！

胡萝卜什锦米饭

材料［2 人份］

大米	80 克
胡萝卜	2 根
白酒	4 大匙
酱油	2 大匙
盐	适量

做法

把淘洗干净的米放入电饭煲中，加入水和白酒。然后放入切碎的胡萝卜和酱油、盐，摁下开启的按钮即可。为了配色，还可以把切碎的胡萝卜的叶子干炒一下放上去。

色彩搭配艳丽。

豌豆

秋天种植、年内收获的豆科植物

秋天播种，早春即可收获的豌豆是一种令人感受到春天的气息并给人带来喜悦的春季蔬菜。在感叹豌豆不畏严寒的顽强的生命力的同时，好好品尝它的美味吧！

如果想在短时间内收获，建议在秋季栽种。

如果在 8 月下旬 ~ 9 月中旬购买幼苗栽种，年内就可以收获。

科名	豆科
植株大小	宽 30 ~ 50cm、高 1 ~ 2m
播种	10 月下旬 ~ 11 月上旬
收获	次年 4 月中旬 ~ 6 月
种植幼苗	8 月下旬 ~ 9 月中旬
收获	10 月中旬 ~ 12 月中旬

虽然统称为豌豆，但其实豌豆分为食用嫩豆荚的豆荚豌豆、食用豆荚和果实的甜脆豌豆及只食用果实的果实豌豆（绿豌豆）等不同种类。它们都可以在花盆里栽种。同时，为了方便藤蔓攀爬，必须准备好用于牵引藤蔓的支架和网。秋天栽上豌豆苗，年内就可以收获。

藤蔓开始攀爬时，要立好支架牵引。

营养与健康

美白肌肤　缓解便秘

在豌豆还未成熟的时候，直接食用豆荚的豆荚豌豆含有丰富的胡萝卜素，可以预防动脉硬化和心肌梗死，具有防止肌肤干燥的作用。豌豆中维生素 C 的含量丰富，具有美白肌肤的功效。果实豌豆（绿豌豆）是食用豌豆未成熟的果实，和豆荚豌豆相比，虽然其维生素 C 的含量略少，但蛋白质、膳食纤维和钾的含量是豆荚豌豆的 2 倍。特别是其膳食纤维的含量很高，有助于缓解便秘。

豌豆的种植方法

播种

一般是秋季播种，次年春天收获。间隔 30cm 左右依次播撒 3 ~ 4 粒种子。长出 3 ~ 4 片真叶时，间苗，并轻轻培土。在植株根部铺满枯叶，做好防寒措施。由于一到春天，豌豆就会快速生长，所以要及早立好支架，牵引藤蔓攀爬。

种植幼苗

如果在 8 月下旬 ~ 9 月中旬栽种豌豆苗，秋天到冬天就可以收获。确保株距在 15cm 左右。

收获

如果在秋天播种，那么次年春天就可以收获。如果在初秋栽上豌豆苗，则年内即可收获。等豆荚中的果实微微鼓起时，就是采摘豆荚豌豆的最佳时间。等豆荚中的果实鼓得满满的，豆荚失去光泽并且变得粗糙时，就可以采摘果实豌豆了。

豆荚中的果实微微鼓起时，就可以采摘了。

毛豆

品尝刚摘下来的毛豆，切实感受那份幸福！

毛豆一直被视为下酒菜中很棒的食材。如果能吃到自家栽种的新鲜毛豆，那美味更是与众不同。摘下来后一定要当天食用啊！

开花之前少施肥！

包括基肥在内，在开花之前，必须控制施肥量。如果施肥过多，就会导致叶子过度茂盛，从而结不出好的果实。

科名	豆科
植株大小	宽 40 ~ 60cm、高 60 ~ 80cm
播种	4 ~ 7 月
收获	6 月中旬 ~ 9 月上旬

在大豆成熟之前采摘下来的柔软且尚未成熟的果实就是毛豆。加盐煮过之后，就成了下酒菜中很受欢迎的食材。自家栽种的刚摘下来的毛豆无疑是一道无上的美味。只要准备好大花盆，栽种起来会格外简单。由于新鲜度对毛豆至关重要，所以摘下之后尽量在当天食用。

营养与健康

延缓更年期症状　美白肌肤

大豆胚芽所含的大豆异黄酮有助于女性保持青春，对很多已经到了更年期的女性尤其有利，随着雌激素分泌量的不断减少，更年期症状开始凸显。大豆异黄酮和雌激素有相似的作用，有助于女性保持青春。同时，还可以促进皮肤的新陈代谢，具有美白肌肤的功效。它还含有大量可以分解酒精、保护肝脏的蛋氨酸，具有造血作用的叶酸和具有调节肠胃功效的膳食纤维等营养成分。

毛豆的种植方法

播种

毛豆不适合移植，必须直接播种。在直径为 30cm 的花盆里选 3 ~ 4 处点播，1 处撒 2 ~ 3 粒种子。如果基肥过多，就会导致茎和叶子过分肥大，从而结不出好的果实。因此，要少撒一些基肥。开花之后追肥。

新种子的发芽率较高，可以只撒 2 粒种子。

开花之前不要追肥。

收获

开花后 40 ~ 50 天，播种后 80 ~ 90 天，当豆荚满满鼓起时就是收获的最佳时间，从成熟的豆荚开始逐次采收吧！把整个豆荚放在盐里揉搓之后煮 5 ~ 6 分钟，趁其温热之时，撒上盐食用。煮过之后，放入冰箱保存。

开花后 40 ~ 50 天收获。

扁豆

低脂肪、高蛋白质的健康蔬菜

扁豆是豆科的一年生草本植物，营养成分相当丰富，嫩荚可作蔬菜食用，白花和白色种子可以入药。播种后 50 天左右即可收获，非常适宜家庭栽种。

注意不要采摘晚了！

开花后 10 ~ 15 天是收获的最佳时间。趁豆荚柔软的时候，赶紧采摘吧！

科名	豆科
植株大小	宽 30 ~ 60cm、高 50 ~ 300cm
播种	4 月下旬 ~ 6 月上旬
收获	6 月下旬 ~ 10 月上旬

扁豆分为食用嫩豆荚的豆荚扁豆和只食用成熟种子的四季豆。豆荚扁豆中除了最受欢迎的土场扁豆，还有摩洛哥扁豆、紫扁豆和黄扁豆等各种类型。四季豆包括白花四季豆、青岛架豆等，种类十分丰富。扁豆是一种低脂肪、高蛋白质，营养价值极高的蔬菜，可以多栽种一些好好品尝。

需要牵引到支架网上。

营养与健康

减肥　补充蛋白质

每 100g 扁豆成熟后的种子（四季豆）中蛋白质的含量为 22g，是一种高蛋白的优良食物。而且，脂肪含量仅为 1g，因此也作为一种低脂肪的减肥食物而广受欢迎。但是，如果加热时间过短，就会在植物血凝素的作用下，使食用者出现呕吐或拉肚子的症状。因此，必须加热至少 10 分钟以上。扁豆还含有搭配合理的 β – 胡萝卜素、钾和膳食纤维等营养成分。

扁豆的种植方法

播种和间苗

把种子放在水里泡一晚后，会更容易发芽。间隔 25cm，依次点播 4 ~ 5 粒种子。长出真叶后，保留 1 棵茁壮的幼苗，其余间苗。藤蔓开始攀爬时，立上支架或网来牵引，等藤蔓长到支架顶端时摘心。

收获

播种后 50 天左右，豆荚长至长 10 ~ 15cm 且中间鼓起后，趁其柔软之时采收。如果摘晚了，豆荚就会变硬，而且味道也会变差，一定要仔细确认。

开花后 10 ~ 15 天即可收获。

秋葵

开出俏丽黄花的健康蔬菜

可以有效降低胆固醇，并且含有丰富的果胶的蔬菜——秋葵。由于其植株高大，所以需要使用较深的花盆，防止倒伏。

注意不要采摘晚了！

开花后 3 ~ 4 天是收获的最佳时间。注意不要采摘晚了。

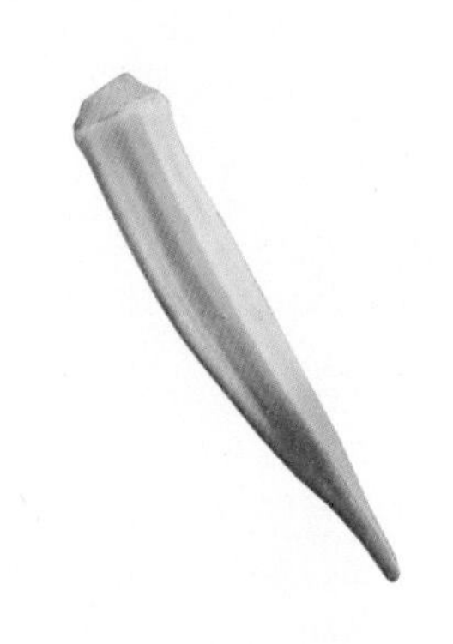

科名	葵科
植株大小	宽 30 ~ 70cm、高 100 ~ 150cm
种植幼苗	5 ~ 6 月
收获	6 ~ 9 月

虽然秋葵吃起来就像山药一样，口感独特，但其不仅可以预防夏季中暑，还有助于调节肠胃功能、预防动脉硬化，是一种营养丰富的健康蔬菜。植株略高，如果有较深的花盆或花槽，栽种起来十分简单。黄色的花朵美丽可爱，十分赏心悦目，也可以作为观赏用。

秋葵的花也可以作为观赏用。

营养与健康

调节肠胃　减肥

秋葵的黏液是一种被称为黏蛋白的黏性物质，具有保护胃黏膜的作用。秋葵中还含有水溶性膳食纤维——果胶，不仅可以促进消化，还可以调节肠胃功能。果胶还可以抑制胆固醇的吸收，具有减肥的功效。秋葵中还含有丰富的 β - 胡萝卜素、钙、叶酸等营养物质。

秋葵的种植方法

种植幼苗

虽然从种子开始种植并不困难，但不如直接购买市场上出售的幼苗，种植起来更简单。建议使用深 30cm 以上的花盆。在长约 65cm 的花槽里，栽种 2 棵为宜。栽上幼苗后 25 ~ 30 天开始开花。开花后追肥。

秋葵的植株较高，要准备略深的花盆。

收获

开花后 3 ~ 4 天是收获的最佳时间。如果采摘晚了，秋葵长得过大，就会变硬而无法食用。剪掉主枝的上半部分，让侧枝生长，可以增加收获量。

摆放整齐的三色堇、维奥拉、金鱼草、金莲花等食用花卉。

专栏 4

食用花卉
尝尝花的味道！

所谓食用花卉，是指可以吃的花。它和观赏用的花不同，是和蔬菜一样，可以放心食用的花。从 20 世纪 90 年代开始，食用花卉在美国和荷兰等国家的人气迅速高涨。虽然在日本也有像食用菊那样可以在特定地区食用的花卉，但在其他地方很少能见到把食用花卉端上餐桌。其实，如果在自己家里栽种，品尝一下无农药又安全放心的花卉也无不可。所以，为了把更精美的菜肴端上餐桌，不妨多种植一些食用花卉吧！

可以作为室内装饰！

剪断花茎，去除花萼后使用。

选择色彩鲜艳的花朵。

木芙蓉的种植方法

在 5 月下旬 ~ 6 月上旬栽种幼苗。长 20 ~ 30cm 的花盆里可以栽种 2 ~ 3 棵，使用蔬菜专用土，每周追 1 次肥。注意不要缺水。开花后，逐次采收。如果不摘掉花，则会结出类似秋葵的果实，坚硬而无法食用。

在排水性好的蔬菜专用营养土里种植。

美味食谱推荐

好想尝到更美味的食用花卉！

木芙蓉花秋葵沙拉

材料［2 人份］

木芙蓉花	适量
秋葵	2 ~ 3 个
醋	适量
盐	适量

做法

把秋葵加盐轻轻揉搓之后切成可食用大小。焯一下木芙蓉花，加醋调味。然后像插花一样摆放美观就完成了。

无论是生吃还是煮食，秋葵都十分美味。但是，如果是摘晚了的略微硬的秋葵，还是煮食比较好。

常见的食用花卉

木芙蓉

和秋葵一样，同属锦葵科植物。和秋葵相似的黄色花瓣可以用作沙拉。能结出果实，但是较硬，无法食用。

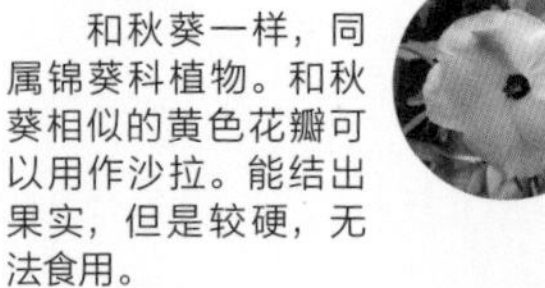
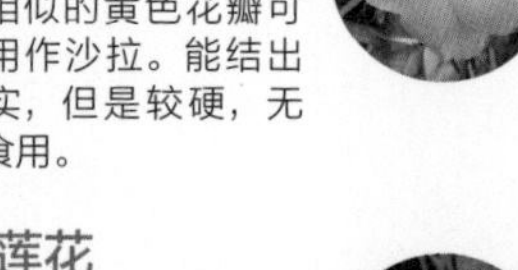

三色堇

堇菜科的一年生草本植物。可以开出红、黄、蓝、白等五颜六色的花朵。

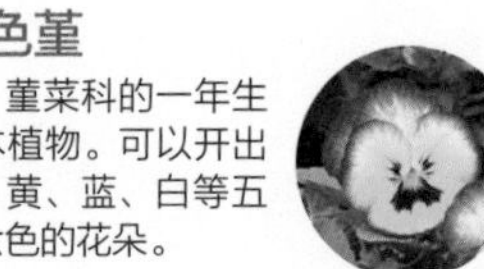

金鱼草

花朵的形状类似金鱼鳍。花香甘甜，色泽艳丽，广受欢迎。

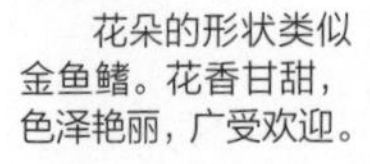

金莲花

因其拥有金黄色的花朵和类似莲花的叶子，所以写作“金莲花”。果实可以作为香辣调味料使用。

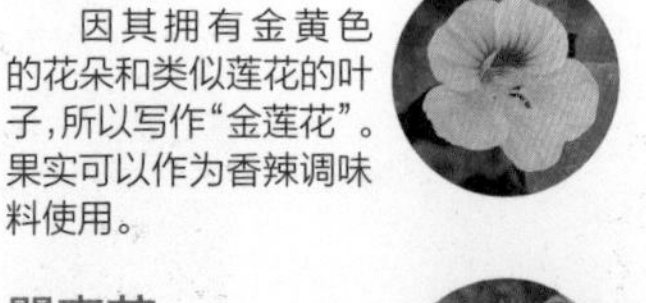

食用菊

将花瓣焯一下，加醋调味后食用。

金盏花

花瓣略厚。逐片摘下花瓣，可以做成沙拉生吃，也可以煮后食用。

瞿麦花

康乃馨的一种。花朵色彩极为艳丽。最适合作为沙拉的点缀物。

紫花苜蓿

也叫作“紫马肥”，是一种牧草。它是嫩芽中最小的一种。虽然味道有些青涩，但是含有丰富的维生素和矿物质等营养成分。

萝卜芽

萝卜芽是颇具代表性的嫩芽。主要食用萝卜的子叶和胚芽。

粉萝卜芽

茎是粉色的色彩鲜艳的萝卜芽。如果加到沙拉里，配色就会一下子变得亮丽夺目。

专栏 5

可以在室内尝到的嫩芽 只需1周即可收获

嫩芽是刚刚发芽没多久的新芽的统称。嫩芽的种类繁多，有萝卜芽、紫花苜蓿、西蓝花芽等，全都是富含维生素、矿物质和植物化学成分的营养价值极高的蔬菜。播种后仅需 7~10 天即可收获，简单方便。

芥末

芥菜的嫩芽，味辛辣。加到沙拉里，会略微收味。

西蓝花

西蓝花的嫩芽中含有可以激活解毒酶的名为萝卜硫素的异硫氰酸，有预防癌症的作用，正引起人们的广泛关注。

荞麦

散发着淡淡荞麦香的嫩芽。荞麦芽中含有丰富的维生素 C、β - 胡萝卜素和蛋白质，有助于预防高血压等成人病。胚芽里蕴含淡淡的红色，可以用作沙拉的配色菜。

嫩芽的种植方法

嫩芽分为直接食用刚发出的新芽的豆芽菜类和全部变绿之后再食用的嫩芽菜类。栽种的时候，建议购买嫩芽专用的种子。一般的种子不仅数量少，还被消过毒，不适合作为嫩芽食用。

准备的东西

嫩芽专用的种子

容器（可以使用玻璃类的餐具）

棉纱、海绵或餐巾纸

硬纸板箱等

喷雾器

准备好嫩芽专用的种子、容器和防腐剂（硅酸盐白土或沸石等）。

播种

可以选用玻璃杯等餐具。为了能观察到嫩芽的生长过程，建议使用透明的玻璃器皿。把湿棉纱铺在底部，撒上种子之后，用喷雾器打湿。播种后，放入硬纸板箱等阳光照不进去的地方。

在容器里铺好防腐剂，加水后，全部撒满种子。

浇水

虽然仅需 2 ~ 3 天就会发芽，但在发芽之前也不要忘记每天都用喷雾器浇水。等根扎得足够深时，可以往容器里倒水。每天都要换水。如果不换水，根就会腐烂并散发出异味。等茎长至 5 ~ 6cm 时，把嫩芽从纸板箱中取出，放到明亮的窗边。但是，不要放到阳光直射的地方。

收获

长出子叶并全部变绿时，即可收获。播种后 1 周左右就可以食用了。

把容器放入纸箱，每天换 1 次水，使其发芽。等茎长至 5 ~ 6cm 时，从纸箱中取出，接受阳光照射，等所有嫩芽变绿。播种后 1 周左右就可以收获。

嫩芽的营养价值

嫩芽中含有大量维生素、矿物质和植物化学成分，其中含量最为丰富的就是 β - 胡萝卜素。以西蓝花为例，西蓝花嫩芽中 β - 胡萝卜素的含量是西蓝花的 3.5 倍。它具有增强人体免疫力的功效，不仅可以预防生活习惯病，还有助于预防癌症。食用嫩芽不仅可以延缓衰老，还具有美白肌肤的效果。因此，可以经常食用。

用水培法（水中栽培）来种菜吧！

不使用土壤的水中栽培方法被称为“水培法”。在此介绍一下使用陶粒（发泡炼石）或尿烷和培养液来代替土壤的栽培方法。因为不使用土壤，所以植株的外观非常美丽，很适合在室内栽种。如果放进透明的玻璃器皿中栽培，还可以作为室内装饰物来欣赏。

使用玻璃器皿栽培的细辛芽。

准备的东西

- 水培专用的种子
- 底部无孔的宽口容器
- 陶粒或尿烷
- 水培专用营养液

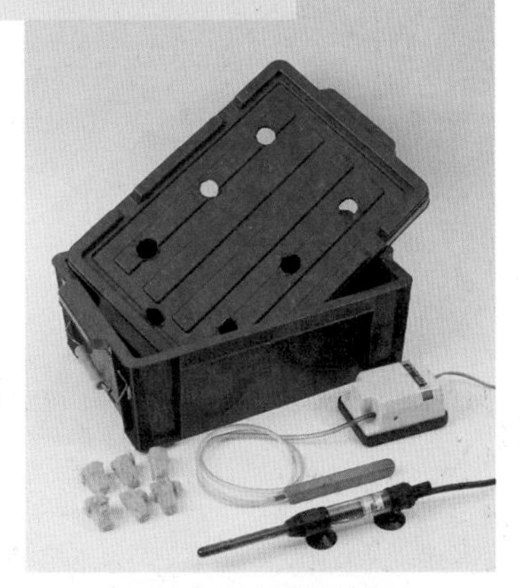

使用带盖的塑料花盆作为水培的容器。

使用水培容器栽种的生菜。

在尿烷中栽种野莴苣

1 在容器中放入海绵状的尿烷，浸满营养液后播种。

2 开始发芽后，适当间苗。不要忘记添加营养液，以免营养液不足。

3 野莴苣长大后，根据需要逐次采收。

可口诱人的水果

如果习惯了栽培绿叶蔬菜或果菜和根菜类蔬菜，不妨尝试一下栽种草莓、蓝莓和葡萄之类的水果。虽然普遍认为在花盆里是种不了果树的，但是只要稍微下点功夫就并非不可能。掌握栽培的诀窍，好好品尝美味的果实吧！

草莓

轻松采摘红彤彤的甘甜果实

虽然草莓是圣诞蛋糕上常见的浆果，但是其真正的最佳食用时间是 5 ~ 6 月份。轻松栽种草莓，品尝一下天然培育出来的甘甜可口的应季美味吧！

科名	蔷薇科
植株大小	宽 15 ~ 30cm、高 10 ~ 20cm
种植幼苗	9 月中旬 ~ 10 月中旬
收获	次年 5 月 ~ 6 月中旬

在花盆里，红彤彤的、甘甜可口的草莓结满枝头。单单想象一下这幅光景，是不是就觉得十分幸福呢？在秋天购买草莓苗栽上，靠草莓自身就可以抵御严寒，积累糖分。一次种上之后，可以连续采摘 3 ~ 4 年。

要在通风和光照俱佳的地方种植草莓。

营养与健康

预防雀斑　坚固牙龈

草莓中的红色素是类黄酮的一种，是作为抗氧化物质而被人所熟知的花青素。它不仅具有缓解眼睛疲劳的效果，还具有减少活性氧的功效，可以预防癌症。草莓中维生素 C 的含量丰富，只需吃 5 颗草莓，就能满足 1 天的维生素 C 摄入量。不仅能够预防雀斑，还可以坚固牙龈。但是，如果去掉果蒂后再洗草莓，维生素 C 就会溶于水中流失掉。因此，建议带着果蒂洗草莓。

草莓是蔬菜还是水果?

草莓是草本植物，理应是蔬菜。这是由“一年生或多年生草本植物结出的果实是蔬菜，常年生树木结出的果实是水果”这一法则决定的。香瓜和西瓜也是同理。但是，一般都把草莓和香瓜看作水果。这可能是因为大部分人都觉得，尝起来甜甜的、像甜点的果实都是水果吧！

女峰

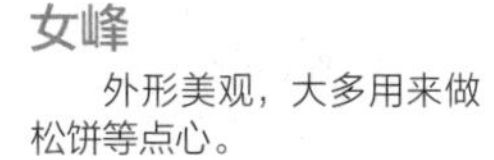

外形美观，大多用来做松饼等点心。

宝冢杂交早熟品种

很早就开始种植的草莓品种，抗病虫害能力强，栽种简单。建议初学者栽种。

野生草莓

野生草莓果实虽小，但味道很甜。一次种上之后，每年都可以收获。

草莓的种植方法

种植幼苗

一般都是在秋天购买草莓苗栽种。也可以在春天栽种长大后的草莓苗。草莓的根不会扎得太深，只要选择深 15cm 左右的花盆就足够了。长 60 ~ 65cm 的花槽里可以栽种 3 ~ 4 棵草莓苗。如果种在漂亮的花盆里，还可以作观赏用。栽好后，放置在向阳处。一到 3 月，叶子就会逐渐恢复绿色并发出新芽。此时，开始追肥。

不要把草莓苗栽得太深，也不要把根的顶端埋在土里。

草莓开花并开始结果时，不要忘记追肥。

在秋天移植！

采摘完草莓之后，植株底部会伸出匍匐枝，并开始长新苗。到秋天时，把新苗剪下来栽上，明年就又可以收获了。

收获

一到 4 月，草莓就开始开花。到 5 月时，果实变红并成熟，必须及早采收，不要摘晚了。

红彤彤的草莓熟透后，用剪刀逐个剪下来。

建议种植收获期长的四季草莓！

四季草莓虽然果实较小，但是可以从春天采摘到秋天。

美味食谱推荐

好想尝到更美味的草莓！

浓醇草莓乳

材料［2 人份］

草莓	10 颗
豆浆	1 杯
杏仁奶	1 杯
白糖	适量

做法

把冷冻后的草莓、豆浆、杏仁奶和白糖放入搅拌器中，摁上按钮搅拌即可。如果用牛奶制作，口感会更加醇厚。

加入豆浆和杏仁奶是其独到之处。

葡萄

用圆筒状支架成功牵引藤蔓

大家是不是都认为如果没有宽阔的庭院就种不了葡萄？其实，这种担心是多余的。只要稍微下点功夫，在花盆里也可以种出美味的葡萄。

❗尝一尝顶端的果实！

如果想尝一尝葡萄熟了没有，请摘下顶端的果实品尝。

科名	葡萄科
植株大小	宽 60 ~ 150cm、高 2 ~ 4m
种植幼苗	12 月 ~ 次年 3 月
收获	8 月 ~ 10 月上旬

葡萄是世界上家喻户晓的水果之一。从公元前 3000 年开始，欧洲人就已经开始种植葡萄，并酿成葡萄酒饮用。葡萄中富含名为花青素的多酚成分，不仅可以预防慢性病，还具有美白肌肤的效果。葡萄对土质没有要求，是一种极易栽种的果树。只是在花盆里种植的时候，需要花点功夫，搭好圆筒形的支架。

在通风和光照俱佳的地方种植葡萄。

营养与健康

促进视力恢复　抑制食物过敏

葡萄中富含多酚成分，除了可以预防动脉硬化和脑梗死，还具有各种各样的功效。由于葡萄皮和籽的部分多酚含量较多，出于营养方面的考虑，建议带皮一起吃。其中，红葡萄中含有大量花青素，不仅可以缓解视力疲劳，还能促进视力恢复。葡萄中还含有一种多酚成分——白藜芦醇，具有抑制食物过敏的功效。

葡萄的种植方法

种植幼苗

种植葡萄的最佳时间是 12 月 ~ 次年 3 月。需要准备直径为 30cm 以上的大花盆。铺上盆底石，保证排水畅通。然后装入将赤玉土、腐叶土以 7 ：3 的比例混合的土或葡萄专用的营养土。由于葡萄耐干旱，不耐潮湿，所以在梅雨时节要把花盆搬到淋不到雨的地方。搭好支架，只保留 1 棵主枝生长，把其他枝干齐根剪掉。

第二年春天时，换成圆筒形的支架，任枝叶攀爬。随着天气变暖，新枝不断长出。只保留其中 5 ~ 10 根茁壮的新枝即可。

葡萄是自花授粉，即使只种 1 棵葡萄苗也会结果。

收获

收获期是 8 月 ~ 10 月上旬。越靠近葡萄枝干的地方越早成熟。所以如果尝到顶端的果实是甜的，就意味着整串葡萄都成熟了。如果想通过品尝来确定葡萄是否成熟，就尝顶端的果实吧！

蓝莓

夏季青果、秋季红叶，赏心悦目的果实

实行人工授粉！

不要完全依靠昆虫，实行人工授粉更有利于结果。

科名	杜鹃花科
植株大小	宽 60 ~ 100cm、 高 100 ~ 200cm
种植幼苗	3 月、9 月 ~ 12 月上旬
收获	6 月下旬 ~ 8 月中旬

无论是直接食用还是做成果酱都非常美味。蓝莓中含有大量花青素，可以有效缓解眼部疲劳，是一种健康食品。除了在收获季能看到蓝莓藏青色的果实压弯枝头，到秋天时还能欣赏到其似火的红叶，是一种让人感觉到四季推移的赏心悦目的果实。

蓝莓的种植方法

在春天或秋天栽种幼苗。由于蓝莓适宜在酸性土壤中生长，所以不要使用蔬菜专用的营养土，而是使用蓝莓专用的营养土或泥炭土和鹿沼土按 1 ： 1 的比例混合的土壤。一定要栽种在向阳的地方。蓝莓喜湿，每 2 天浇 1 次水（夏季每天浇 1 次水）。在 6 月份和 9 月份左右各追 1 次肥。

由于蓝莓适宜在酸性土壤中生长，所以不需要加石灰等进行酸碱中和。

山莓

减肥效果好的木莓的同类作物

收获时要做好防雨措施

成熟的果实遇雨后大多会腐烂。在梅雨时节一定要做好防雨措施。

科名	蔷薇科
植株大小	宽 50 ~ 100cm、 高 100 ~ 150cm
种植幼苗	12 月
收获	7 月、9 月

山莓会结出红色或黑色的小果子，是蔷薇科悬钩子属的低矮灌木果实，在中国、日本、朝鲜、缅甸、越南均有分布。山莓中含有一种香气成分——覆盆子酮，可以减少皮下脂肪，具有减肥的功效，正广泛受到关注。在花盆里栽种山莓比较容易，但由于其对夏季酷暑和干燥的适应力较差，所以一定要注意花盆的放置位置和浇水次数。

山莓的种植方法

一般都是在寒冷的 12 月份栽种山莓幼苗。寒冷地区也可以选择在 3 ~ 4 月份或 9 月份栽种。由于山莓原本适合在富含有机质的土壤中生存，所以建议在营养土中添加泥炭土或成熟的堆肥。当然，在贫瘠的土壤里也可以种植山莓。到 5 月份时，新枝长势良好，等其长至高 60 ~ 70cm 时，剪短一些，使侧枝生长。7 月份是收获期。但是果实遇雨后就会腐烂，要做好防雨措施。

适合在寒冷的地方种植。在半阴凉处，山莓也可以茁壮生长。

橘子

代表温暖气候的果树

❗冬天要把橘子搬到温暖的地方

由于橘子的耐寒性差，所以在冬天要把它搬到背风的温暖处。

科名	芸香科
植株大小	宽 1.5 ~ 2m、高 2 ~ 3m
种植幼苗	3 月下旬 ~ 4 月中旬
收获	10 ~ 12 月

中国是橘子的重要原产地之一，有 4000 多年的栽培历史。橘子中的维生素 A 能够增强眼睛在黑暗环境中的适应能力，可治疗夜盲症。橘子不宜食用过量，吃太多会患有胡萝卜素血症，使皮肤呈深黄色，如同黄疸一般。若因吃太多橘子造成手掌变黄 ，只要停吃一段时间，就能让肤色渐渐恢复正常。

橘子的种植方法

柑橘类作物的最佳移植时间为 3 月下旬 ~ 4 月中旬。购买 2 ~ 3 年生的柑橘苗可以节省培育时间，及早收获。准备直径为 30cm 以上的大花盆，在盆底铺上珍珠岩，加入由赤玉土和营养土混合而成的土壤后移植。移植的时候不需要施肥。放在向阳处，因为橘子耐寒性较差，冬季需要搬到背风的温暖处。每 2 天浇 1 次水（夏季每天都要浇水）。长出新芽后，开始追肥。

橘子中含有大量 β－隐黄质，有抗癌的作用。

金橘

非常适合花盆栽种的柑橘类果树

❗修剪树形，使之呈扫帚状！

第 1 ~ 2 年，要把主枝和新枝的顶端剪短，增加新枝数量，使树形呈扫帚状。

科名	芸香科
植株大小	宽 60 ~ 150cm、高 100 ~ 150cm
种植幼苗	3 月中旬 ~ 4 月中旬
收获	11 月下旬 ~ 12 月中旬

金橘和橘子不同，可以带皮吃。味酸甜、微苦，比起生吃，大多是用蜂蜜连皮一起腌渍或用麦芽糖煮过后再食用。金橘中含有大量维生素 C，可以有效预防感冒，缓解喉咙疼痛。另外，金橘是树高为 1.5m 左右的小型果树，种在花盆里十分美观。其耐寒性较差，一旦遇霜就会受到冻害，所以一定要做好冬季防寒措施。

金橘的种植方法

移植幼苗的最佳时间是 3 月中旬 ~ 4 月中旬。移植时，把主枝的顶端和第二年春天长出的新枝的顶端剪去 1/3。等果实变黄并且成熟后，就可以采摘了。

如果收获量较大，建议做成果酱。

樱桃

挑战一下种植“红宝石”！

! 购买花粉，人工授粉！

如果只种 1 棵，需要人工授粉。市场上也有花粉出售。

科名	蔷薇科
植株大小	宽 2 ~ 3m、高 3 ~ 7m
种植幼苗	3 月、12 月
收获	4 ~ 11 月

樱花的果实就是樱桃，与观赏性的樱花不同，它是另一种可以结果的樱花。犹如红宝石一般鲜红的果实，再加上其高贵的气质，也被称为“红色的宝石”。虽然樱桃很容易受到病虫害的侵袭，栽培起来比较困难，但是非常值得挑战。

 樱桃的种植方法

移植幼苗的最佳时间是 3 月或 12 月。由于樱桃不适宜在过于湿润的环境中生存，所以要选择排水性好的土壤。铺满盆底石之后，装入由腐叶土、赤玉土和苦土石灰混合而成的土壤。如果直接种在庭院里，5 ~ 6 年就能长到 6 ~ 7m 高。在花盆里种植时，由于樱桃根扎得不深，所以会长得比较矮小。樱桃无法自我授粉，可以把它种在其他品种的樱桃附近，也可以人工授粉。

特点是从开花到采摘果实的时间很短。

羊奶子

酸甜并充满野趣的口感

! 摘下之后尽快食用！

羊奶子的果实极易腐烂，摘下之后要尽快生吃或加工一下。

科名	胡颓子科
植株大小	宽 1.5 ~ 3m、高 2 ~ 4m
种植幼苗	12 月 ~ 次年 3 月（落叶品种）、3 月（常绿品种）
收获	6 月中旬 ~ 7 月下旬

羊奶子的皮很薄，极易腐烂，较少在商店售卖。能够趁新鲜的时候品尝到酸甜可口又野趣横生的美味才是在家种植的最大乐趣。羊奶子分为秋天开花、次年春天结果的常绿品种和春天开花、初夏结果的落叶品种。由于常绿品种的耐寒性差，所以在寒冷地区建议栽种耐寒性强的落叶品种。

羊奶子的种植方法

12 月 ~ 次年 3 月份，移植落叶品种的幼苗；3 月份，移植常绿品种的幼苗。在直径在 21 ~ 24cm（7 ~ 8 号）的花盆里，装入将赤玉土、腐叶土、河沙以 5 ：3 ：2 的比例混合而成的土壤后移植。把幼苗剪短，和花盆一样高即可。即使不施肥，也没有关系。表层土壤变干之后浇水。第二年冬天，只保留 3 根主枝，其余的都剪掉。移植后第三年结果。从颜色通红且柔软的果实开始采收。果实极易腐烂，采摘后要尽快食用。

耐寒性好，可以在半阴凉的地方栽种。

第四章　更加详细的种菜知识

开始在花盆里种菜后，

除了浇水、施肥等日常工作，

还有病虫害防治、防暑防寒等

各种各样的问题需要应对。

一旦出现问题，

好不容易栽种的蔬菜可能在一夜之间枯萎。

为了避免此类情况的发生，

一定要认真学习种菜必备的基础知识。

每天浇水的同时也要认真观察蔬菜的生长情况。

优选花盆的方法

开始在花盆里种菜时，首先需要准备的就是花盆或花槽等装土的容器。选择花盆的关键在于材质和大小。在此介绍一下优选花盆的方法。

根据材质来选择

选择花盆时，必须考虑的就是材质问题。为了促进植物生长，必须创造一个有利于植株扎根的环境。因此，除了要保证养分和水分的吸收，还要确保温度恒定。也就是说，花盆要满足保水性、排水性和保温性三大要素。在此，根据花盆的不同材质，介绍一下各个要素有何不同。

瓦盆

瓦盆上有肉眼看不到的小缝隙，吸水性良好。当水分渗出时，瓦盆会吸收其汽化热。所以，即使在高温天气，花盆内温度也不会过度上升。但从另一方面来说，随着水分的蒸发，花盆内很容易变干，浇水的次数也比其他材质的花盆要多一些。

吸水性 ○
排水性 ○
保温性 ○

美观的瓦盆。

塑料花盆

由于价格便宜且携带方便，使用最多的就是塑料花盆。为了减少盆底积水，大多采用悬空盆底设计，排水性勉强不错，但透气性不好。不仅水分很难从侧面蒸发，由于塑料本身较薄，还容易受外界气温的影响。

吸水性 ×
排水性 ○
保温性 ×

塑料花盆经济实惠。

木质花盆

木质花盆的保温性能卓越。特别是较厚的木质花盆，无论冬夏，花盆内的温度都不会有太大变化，是最适宜植物生长的材质。但是，随着使用年份的增加，其性能会不可避免地变差。

吸水性 ○
排水性 ○
保温性 ○

简朴的样式，魅力无限。

泡沫聚苯乙烯箱子

保温性能最好的当属从水果商贩或鱼贩那里得来的泡沫聚苯乙烯箱子。只要不在意美观与否，就可以作为花盆使用。但是，由于其吸水性和排水性较差，所以就需要在底部开孔或少放些土，避免根部腐烂。

吸水性 ×
排水性 ×
保温性 ○

需要确保排水性。

根据大小、深浅选择

决定了想要栽种的蔬菜之后，根据蔬菜的植株大小和采收量，考虑花盆的大小。如果只是少量栽种小萝卜或芝麻菜等小型作物，深 10cm 左右的小花盆就足够了。但是，如果栽种茄子、黄瓜等结果的蔬菜或生长期较长的作物，则必须准备大花盆。选择大小、深浅合适的花盆是非常重要的。

可以选择浅花盆的蔬菜

芝麻菜或欧芹等绿叶蔬菜可以选择浅花盆。

适合室内栽培。

草莓、百里香、细香葱、欧芹、薄荷、小萝卜、芝麻菜等。

需要深花盆的蔬菜

叶葱可以种在浅花盆里，但大葱则需要种在深花盆里。种植植株较大的秋葵或生长旺盛的明日叶时也需要准备深花盆。

种植胡萝卜时需要深花盆。

明日叶、秋葵、胡萝卜、大葱等。

需要大花盆的蔬菜

黄瓜或豌豆等藤蔓发达的蔬菜和葡萄、橘子、樱桃等果树，需要准备大花盆。

藤蔓较长的黄瓜要种在大花盆里并固定好。

茄子要种在 12 号（直径约 36cm）花盆里。

豌豆、大叶、彩椒、黄瓜、羊奶子、苦瓜、樱桃、红薯、紫苏、茄子、青椒、葡萄、蓝莓、橘子等。

废物利用

即使不购买市场上出售的花盆，也可以用手头上有的各种各样的材料来代替花盆。比如，只要在塑料盆底开个孔，就能变成漂亮的花盆。即使是装有土壤和肥料的大塑料袋，只要采用同样的办法，也可以好好利用。

土壤的甄选和使用方法

对种菜来说，最重要的莫过于选土了。准备好营养丰富又能分解有机质并促进有益微生物活跃的土壤是非常重要的。因此，透气性、保肥性、保水性三点是不可或缺的。在此，介绍一下什么样的土壤比较适合种菜。

选好土壤是种好菜的关键。

市场上出售的营养土中含有肥料，可以直接使用，非常方便。

市场上出售的土壤类型

如果是第一次种菜，购买蔬菜专用的营养土比较好。等习惯之后，建议结合具体用途自行搭配其他土壤使用。在此，介绍一下土壤的种类和特性。

什么是适合种菜的土壤？

为了种好蔬菜，所选土壤必须同时具备透气性、保肥性、保水性三大要素。实际上，具备所有要素的土壤在单品中很少见。因此，需要自己搭配或购买已经混合有多种土壤的蔬菜专用的营养土。虽然购买市场上出售的营养土很方便，但是如果把制土也当作一大乐趣，一边仔细研究蔬菜的特性，一边自己搭配土壤也是很有趣的。

自己搭配各种各样的土壤也是一大乐趣。

土壤的种类

营养土

在基础土壤中，混合了腐叶土、肥料和用以调节 pH 值的石灰的土壤。强烈建议初次用花盆种菜的人使用。

浮石

火山喷发后形成的多孔的小型石头。为了提高排水性能，铺在花盆底部。

珍珠岩

人工高温煅烧珍珠岩而制成的土壤。透气性和保水性良好。

腐叶土

落叶腐烂后形成的土壤，不仅透气性、保水性和保肥性良好，还具有增加霉菌的作用。要购买完全发酵的腐叶土，而不是还未发酵充分的。和其他大部分土壤都属于酸性土壤不同，腐叶土的 pH 值为 6.0 ~ 7.0，适合种植大多数蔬菜。

鹿沼土

多孔质，保水性和透气性良好。pH 值为 4.0 ~ 5.0，酸性较强。

赤玉土

基础土壤，不含有机质。通常和腐叶土混合后使用。

泥炭土

泥炭藓堆积的土壤。pH 值为 3.5 ~ 4.5，酸性很强，富含有机质。适合栽培蓝莓等喜好酸性强的土壤的果树。

蛭石

人工高温煅烧蛭石而制成的土壤。保水性、透气性和排水性良好。重量较轻，适合悬挂花盆使用。不含肥料，可以和泥炭土混合使用。

河沙

从河里取来的沙子，排水性良好。

用石灰调节 pH 值

市场上出售的大部分土壤都是酸性比较强的土壤。自己购买多种土壤混合时，必须调节土壤的 pH 值，以利于栽种蔬菜。一般的方法是加入石灰，进行弱酸性处理。但是，根据蔬菜种类的不同，其偏好的土壤 pH 值也不相同，一定要引起注意。大多数蔬菜的适宜 pH 值为 6.0 ~ 6.5，但是菠菜、白菜和油菜等蔬菜的适宜 pH 值为 6.5 ~ 7.0，所以要比其他蔬菜多加些石灰。加石灰的工作要在给土壤施肥的前几天进行。如果和肥料一同添加，就会产生有害的氮气。蔬菜专用的营养土，大多已经调节过 pH 值，不需要重新加石灰。

蔬菜的 pH 值偏好

偏好酸性土壤（pH 值为 5.0 ~ 6.0）的蔬菜、果树

樱桃、红薯、土豆、葡萄、蓝莓、橘子等。

偏好弱酸性土壤（pH 值为 6.0 ~ 6.5）的蔬菜、果树

草莓、扁豆、毛豆、秋葵、黄瓜、小松菜、紫苏、红辣椒、茄子、胡萝卜、青椒、水菜、小番茄、生菜等。

偏好中性土壤（pH 值为 6.5 ~ 7.0）的蔬菜、果树

豌豆、苦瓜、蚕豆、油菜、葱、白菜、菠菜等。

用石灰调节 pH 值，使之变成弱酸性土壤。

如何让排水效果变好？

即使准备好了具备透气性、保肥性和保水性三大要素的土壤，随着时间的流逝，花盆底部的土壤板结，透气性和排水效果也会变差，进而导致蔬菜根部腐烂。为了避免此类状况的发生，建议在花盆底部铺上盆底石。

为了让排水效果变好，建议铺盆底石（浮石）。

陈土的再利用方法

用阳光消毒

连续栽种同一种蔬菜后，很容易使土壤产生病菌，导致蔬菜长势缓慢（连作障碍）。对于用过一次的土壤，可以采用以下方法，用阳光消毒后再次利用。

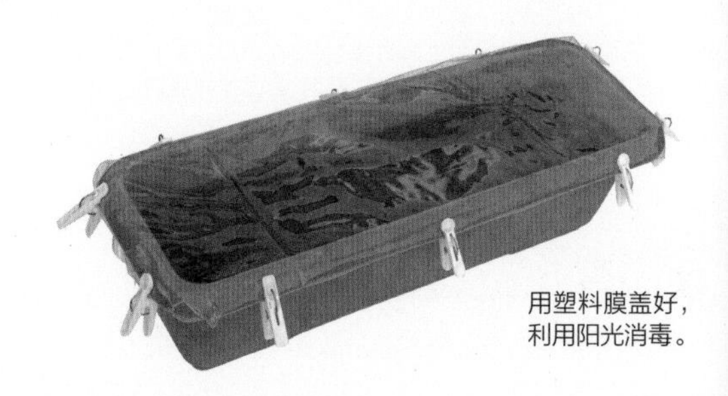

用塑料膜盖好，利用阳光消毒。

1. 梅雨过后，晴朗天气持续时，给花盆装满土，堵住排水孔后放满水。
2. 用塑料膜盖好，在向阳处放置 2 ~ 3 周。
3. 疏通排水孔，放水，干燥。
4. 加入三成腐叶土混合就完成了。最好隔 1 ~ 2 年就进行一下这项工作。

施肥的方法

仅凭土壤中含有的养分是不足以种出好的蔬菜的，特别是只能使用有限的土壤在花盆里种菜时，肥料尤为重要。结合蔬菜的种类和生长情况，适当施肥吧！

根据蔬菜种类的不同，施肥的时间也不相同。

把基肥混入土壤

在播种或栽种幼苗之前，提前混入土壤中的肥料就是基肥。最好施缓效性肥料（有机肥料等），其有效成分可以长时间缓慢释放。

少量逐次追肥

花盆中存土量较少，施肥的空间也有限。因此，经常会因为施肥不足而导致植株长势变缓，或者因施肥过多而烧根。因此，要在观察植株的生长状态的同时逐次少量地追肥。

肥料的三大要素

被称为肥料三大要素的氮(N)、磷(P)、钾(K)对植物的生长发育尤为重要。氮可以促进叶子和茎的发育，磷可以促进花和果实的生长，钾可以让根更强壮。如果缺少这些要素，叶子就会发黄变色，茎和根也会变得脆弱并容易受病虫害的侵袭。除此之外，为了植物的健康生长，还需要镁、钙、锰、铜等 9 种必需的多量元素和 7 种必需的微量元素，合计 16 种元素。

肥料的种类

肥料大致上分为有机肥和化肥两种。有机肥是指动物性肥料和植物性肥料，化肥则包括单质肥、复合肥和液体肥料等。在此介绍一下这些肥料的特性。

有机肥

以动物和植物为原料而制成的肥料。动物性肥料包含鱼渣、骨粉、鸡粪和牛粪等，植物性肥料包含油渣和草木灰等。虽然肥效缓慢，但持续性好。另外，它还能促进有益微生物的繁殖，有助于改善土质，具有缓和连作障碍的作用。

化肥

化学元素合成的肥料。只包含肥料三要素之一的被称为单质肥，包含两种以上的被称为复合肥。

复合肥

含有肥料三要素的氮、磷、钾中两种成分以上的复合肥料。因其肥效快，不仅作为基肥，还经常用作追肥使用。但是，如果只施复合肥种植蔬菜，不仅不会对土壤产生有益的影响，反而会因为施肥过多而导致植物枯萎。因此，建议和有机肥搭配使用。

单质肥

只包含肥料三要素之一的肥料。包括硫铵、尿素、石灰氮、过磷酸石灰、熔磷、硫酸磷和氯化钾等。

液体肥料

与众多肥料的粒状和粉末状不同，液体肥料是把肥料溶解在液体里的肥料。除了液体的化肥，液体的有机肥在市场上也可以买到。这两种肥料都可以更快地渗透到土壤中，不仅可以在短时间内显现肥效，还可以喷洒到叶子表面。根系较弱、长势不好的时候，可以作为紧急处理手段，直接对叶子表面施肥，促进植株生长。

常用肥料及其功效

使用花籽油渣和鸡粪等有机肥。

鱼渣

氮和磷的含量较多的动物性有机肥。肥效缓慢。

骨粉

以磷为主的肥料。建议作为基肥使用。

鸡粪

有机肥中，氮、磷、钾三者搭配最均衡的肥料。肥效快。施用过度容易烧肥。

牛粪

虽然作为肥料的效果不明显，但是其土壤改良效果很好，多用作堆肥使用。使用牛粪时，要和其他肥料搭配使用。

油渣

氮含量多，磷和钾含量少，建议和草木灰搭配使用。

草木灰

大部分有机肥都容易欠缺的磷和钾的含量丰富的肥料。碱性强，可以用来中和酸性土壤。

有机混合肥

混合了多种有机肥，三要素搭配均衡的肥料。既可用作基肥，也可以作追肥。

硫铵（硫酸铵）

具有代表性的氮肥的一种。肥效快。

过磷酸石灰

具有代表性的磷肥的一种。磷肥中还包括尿素、磷铵、磷硝酸铵等。

氯化钾

具有代表性的钾肥的一种。此外还有硫酸钾等。

普通化肥

肥料三要素搭配均衡的化肥。三要素的合计含量不足 30%。

高级化肥

化肥中，三要素的合计含量超过 30% 的肥料。

液体肥料

大多都稀释 500 ~ 600 倍后使用。各种各样的营养物质搭配均衡。

发酵肥料的制作方法

如果把未经处理的油渣或鱼渣等氮含量多的有机肥直接掺到土壤里，就会产生有害的甲烷，进而引起害虫群集、植物根部腐烂等恶果。为防止这种情况发生，最好先加入米糠、骨粉等磷含量多的东西及土和水进行自然发酵。隔 3 ~ 4 天翻一下土，2 ~ 3 周即可完成。有了这种发酵肥料，就无须再施化肥了。此外，还有把 EM 菌这种有益微生物群掺入生活垃圾里堆肥的方法。

把 EM 菌掺入生活垃圾里促进发酵。

可以购买专用的密闭容器。

施液体肥料可以代替浇水

液体肥料大多需要用水稀释，因此也可以代替浇水。把液体肥料按规定比例稀释，每周 1 次，代替浇水向蔬菜喷洒。另外，通过向叶面喷洒，叶子也可以吸收养分。

用水稀释后的液肥，通过喷壶向叶子表面喷洒，十分便利。

成功率高的播种方法

根据蔬菜种类的不同，播种方法各异。发芽的适宜温度和覆土方式也各不相同。如果采用了错误的播种方法，有可能根本不会发芽。还是学习一下成功率高的播种方法吧！

能够固定多粒种子的“种子球”，不仅发芽率高，而且使用方便。

一定要注意发芽的适宜温度！

蔬菜的种子都有各自的发芽适宜温度。忽略发芽的适宜温度而让种子发芽是不可能的。请参照下表，从选择适合播种时气温的蔬菜开始吧！

蔬菜名称	发芽的适宜温度	生长的适宜温度（白天）	生长的适宜温度（夜间）
小番茄	20 ~ 30℃	25 ~ 30℃	10 ~ 15℃
茄子	20 ~ 30℃	23 ~ 28℃	16 ~ 20℃
青椒	20 ~ 30℃	20 ~ 30℃	20 ~ 30℃
黄瓜	25 ~ 30℃	22 ~ 28℃	17 ~ 18℃
白菜	20 ~ 25℃	20 ~ 23℃	20 ~ 23℃
菠菜	20 ~ 30℃	15 ~ 20℃	15 ~ 20℃
生菜	15 ~ 20℃	15 ~ 20℃	15 ~ 20℃
白萝卜	15 ~ 30℃	17 ~ 20℃	17 ~ 20℃
胡萝卜	15 ~ 20℃	18 ~ 21℃	18 ~ 21℃

注意播种方法！

播种时，有散播、条播和点播 3 种方法。如果想多采摘一些各种嫩叶类的小苗，建议散播。菠菜或小松菜等绿叶蔬菜选择条播比较好。白菜、白萝卜和扁豆等会长大的绿叶蔬菜及根菜类、果菜类和豆类等需要点播。

播种的方法

散播

把种子均匀散播的种植方法，最适合高效利用狭小空间并增加收获量。但是，如果种子过于混杂，就会影响植株生长。所以在播种之后必须间苗，以保持合理株距。

适宜蔬菜 各种嫩叶类蔬菜等

如果想吃到更多的间苗菜，建议散播。

条播

沿着直线沟槽播种的方法，具有利于间苗和培土的优点。

适宜蔬菜 芜菁、油菜、胡萝卜、菠菜、水菜、小萝卜等

用 1cm 宽的木棒划出沟槽后播种。

点播

一开始就要确定必要的株距的播种方法。在一处播撒多粒（根据蔬菜种类而异）种子后，间苗。

适宜蔬菜 扁豆、毛豆、秋葵、白萝卜、白菜等

把塑料瓶盖压入土里，挖好穴后，播撒多粒种子。

注意不要撒太多土！

播种之后撒土也被称为覆土。根据蔬菜种类不同，分为需要多覆土和不需要多覆土两种。对于发芽时需要阳光的喜光性种子来说，必须少覆土或不覆土。很多时候胡萝卜和生菜等蔬菜很难发芽就是由于覆土过多。

主要的喜光性种子

扁豆、紫苏、茼蒿、胡萝卜、生菜等

主要的厌光性种子

黄瓜、白萝卜、番茄、茄子、葱等

不要忘记压土

播种之后，轻压一下土是很重要的。通过压土，既可以让种子更快地吸收到水分，也可以抑制表层土壤的水分蒸发。

轻轻地用手掌压哦！

促进发芽的方法

和其他蔬菜相比，生菜和菠菜的种子发芽比较困难。为了提高发芽率，建议用水泡过后，放入冰箱保存。在水里泡半天至 1 天，只需在冰箱的冷藏室里放 3 ~ 4 天，种子就会长出根来。等根长至 1 ~ 2mm 时，就是播种的最佳时间。

一定要注意，有的种子不可以覆太厚的土。

怎样播撒小粒种子？

胡萝卜等蔬菜的种子较小，用手指一粒粒地抓起来非常困难。一般都是多粒种子一起播撒。这时，可以把种子放入对折过的白纸里播撒。只需轻轻地晃动，种子就可以一粒粒均匀地播撒出去，等距离播撒非常简单。

播撒小粒种子时，对折的白纸很有用。

披有外衣的种子很方便

有一些经过各式各样的加工后可以提高发芽率或播撒方便的种子在市场上出售。包括用各种各样的材料包裹种子的球团种子，用水溶性聚合物涂抹表层的薄外皮种子（或用播种机等），以及去掉影响发芽的种皮和外壳的裸种等。

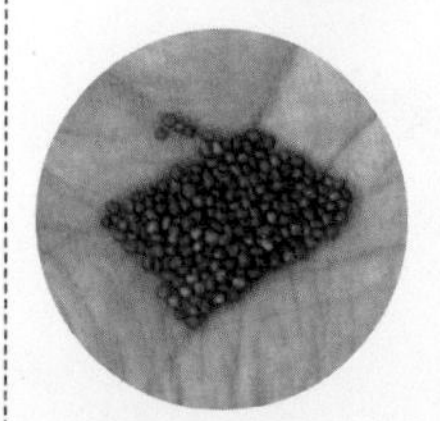

蓝色涂装后的小芜菁的种子。

成功率高的育苗方法

只要掌握诀窍，育苗就会很简单！如果想大量栽种，建议自己亲手育苗。

使用育苗托盘或育苗盆培育幼苗。

从种子开始育苗

毋庸置疑，如果购买幼苗栽种，肯定是栽培期又短又省事。但是种菜的乐趣同样在于播种后等待发芽，并看着它一点点长大的过程。虽然有点难度，但还是尽量自己亲手育苗比较好。但是，番茄、茄子、青辣椒、黄瓜和苦瓜等果菜类蔬菜不能直接播种，需要育苗后定植。

在育苗盆中央播撒多粒种子后覆土即可。

长出真叶后间苗，只保留 1 棵茁壮的幼苗。

要好好浇水。

用育苗盆育苗

育苗时，首先要准备好育苗盆。在育苗盆里播种后，必须确保蔬菜的适宜发芽温度。在早春的寒冷时节，必须在保温用的塑料棚中育苗，或者将其放置到室内的温暖处。另外，为了保持土壤湿润，一定要好好浇水。长出真叶后，适当间苗，只保留 1 棵茁壮的幼苗。

幼苗的根开始在盆底环绕时就可以定植了。

如何成功定植?

培育好幼苗之后，就要定植到花盆里（移盆）了。确定定植最佳时间的方法是观察扎根情况。如果从底部的孔里能看到根，或者长出 3 ~ 4 片真叶时，就可以移植了。轻轻地压一下盆底，取出幼苗时不要伤到根部。然后将其栽种在放入一半土的花盆里，把土加至稍微能看到根的顶部即可，这是因为栽得深才有利于根的成活，浇足水。在没有阳光直射的明亮的背阴处放置几天之后，把花盆搬到向阳的地方。

定植之前需适应外部环境

在室内或塑料棚中等舒适的环境里生长的幼苗，是不可以突然暴露在严酷的环境下的。建议分阶段地、让其一点一点地适应环境的变化。为了适应外部环境，在定植 1 周以前，去掉塑料棚或把育苗盆从室内搬到室外，以让其尽快适应寒冷。

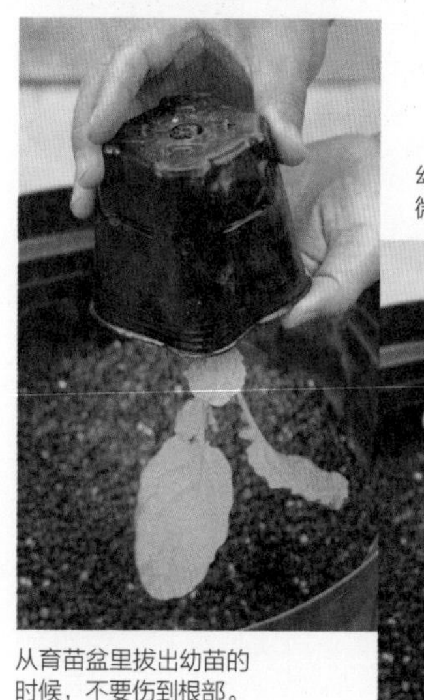

从育苗盆里拔出幼苗的时候，不要伤到根部。

幼苗的根部过密时，稍微拆开一些再栽种。

加土时要保证花盆中的土壤高度与幼苗本身自带的土壤高度一致。

好好压一下，固定幼苗。

好苗和坏苗的区分方法

购买幼苗时，尽量选择茁壮的幼苗。选好苗的关键在于茎要粗，叶子要茂盛。个头高但是瘦弱的幼苗是徒长后发育不良的苗而已。另外，下半部分的叶子颜色较深也是幼苗茁壮的表现。叶尖的颜色淡或发黄的幼苗，其根部的子叶很容易掉落不见。

选择没有生病的健壮幼苗。

使用方便的育苗器具

在育苗盆里装入土播种时，有时会溅满土或嫌麻烦而懒得做。在此能派上用场的就是压缩泥炭。它是用压缩泥炭土制成的，在使用时，令其吸水膨胀，然后在中央的凹处撒上种子即可。长出真叶后，可以直接移植到花盆里，是非常便利的育苗器具。即使是不适合移植的豆类作物，也可以用压缩泥炭培育出幼苗后，再直接移植。

在吸饱水分的泥炭土盆里散播种子。

培育好幼苗后，分成单株栽种。

正确的浇水方法

在播种或栽种幼苗之后的栽培管理中，最重要的工作就是浇水。特别是在花盆里种菜时，浇水方法的优劣极大地左右着植物的生长发育，所以一定要严格遵守浇水时间和浇水量。

基本上是土干之后浇水

浇水过多或过少都不好。如果浇水过多，土壤就会长期浸泡在水里，根部不仅呼吸不到新鲜的空气，还会腐烂。但是，如果长期处于缺水的状态，由于水分供给不足，土壤就会板结并损伤根部。水分和空气在土壤中的合理配置是非常重要的。为了保持这种状态，建议在土壤表面开始有点变干时浇足水。

浇水一般在早晨

植物要沐浴在阳光下进行光合作用。此时，水分是必需的。在火辣辣的阳光照射之前，必须完成足够的水分补给。因此，在早晨要浇足水。植物的根一般在夜间生长，如果此时水分过多，就会造成根徒长而瘦弱。因此，在早晨浇水比较好。

夏季浇水

在强烈的太阳光持续照射的盛夏，尤其需要注意浇水。在花盆里种菜时，有时候会仅仅因为某一天忘记浇水而导致好不容易长出的蔬菜全部枯死。由于夏季土壤干得很快，所以要早晚各浇 1 次水。但是，不能在正午浇水。表层土壤的热量会把凉水变成热水，从而让植物处于“蒸桑拿”的状态。不能浇水的时候，可以把植物移到背阴处。

冬季浇水

严寒不断加剧时，表层土壤很难变干。和平时相比，要减少浇水的次数。另外，由于偶尔会因夜间冻住而损伤根部，所以傍晚以后最好不要浇水。建议冬季在温暖的正午浇水。

一定不要忘记浇水。

播种后浇水时，注意不要把种子冲走！

播种后如果用喷壶浇水过猛，就会把种子冲走。在播撒小型种子的时候要格外注意。铺上报纸后再浇水的话效果更好。

可以铺上报纸后再浇水。

要浇足水。

更加详细的种菜知识

立支架、掐芽、摘心

果实较大的果菜类蔬菜有时会因为无法承受自身的重量而歪倒。另外，叶子过度茂密或茎长得太长也会阻碍植株的生长发育。为了避免这些危害，必须立支架、摘心和掐芽。学习一下基础知识，为采收到更多的美味果实而努力吧！

立支架

除了移植菜苗时使用的临时性支架和垂直立 1 根的单支架，还有 3 根支架、圆筒形支架、网状支架和“人”字形支架等。摘掉全部腋芽的小番茄使用单支架；长出侧枝的茄子使用 3 根支架；果实较多的黄瓜使用圆筒形支架；藤蔓发达的扁豆、豌豆和苦瓜等使用网状支架。另外，不少塑料材质的花盆边缘处都有立支架用的孔，搭“人”字形支架的话会更坚固。

对于藤蔓发达的扁豆、豌豆等，除了立支架，还可以搭网。

摘心

摘心的目的是防止植株长势过高。摘掉主枝顶端的顶芽生长点后，植株就无法继续长高。在花盆里种菜时，由于对其高度本身就有限制，所以必须在适当的时候停止其生长。种植黄瓜和苦瓜等作物时，要根据支架的高度摘心。另外，通过摘心，促进腋芽生长，还可以结出更多的果实。

对主枝最顶端进行摘心。

掐芽

与摘心相反的是，还可以选择摘掉腋芽（掐芽）来让主枝更强壮。立 1 根支架的小番茄就是通过摘掉所有腋芽来保证主枝生长的。另外，还有除主枝之外只保留 1 株腋芽的两枝并立型和保留 2 株腋芽的三足鼎立型。按照一定的法则摘掉腋芽，管理植株生长，可以采收到更多的果实。

用手指捏住小番茄的腋芽，就可以轻松摘掉。

防寒对策

在早春时节，即使播撒了春夏季蔬菜的种子，也会因为温度过低而导致发芽、生长迟缓。秋季播种的绿叶蔬菜，有时也会因为霜降而全部枯萎。为了避免此类情况发生，首选是利用温室或塑料棚。在严寒之际，也可以考虑搬到温暖的室内来种植。

利用温室

建议使用简易温室。从 65cm×65cm×80cm 的小尺寸到 122cm×186cm×190cm 的大尺寸，尺寸种类丰富多样。即使是在又窄又长的阳台上，也可以轻松设置。但是，一定要牢牢地固定好，以免被风吹走。

结合温度调节开关。

利用塑料棚

用塑料膜把栽种在花盆里的蔬菜严严实实地盖住的塑料棚也很有效。有的塑料材质的花盆，会开有可以插入支架的孔。把 U 字形支架插进孔里，并在其上面覆上塑料膜，开几处透气用的孔。在此需要注意的是，不可以把花盆直接放置在混凝土之上。这是因为，即使阻挡了外界的冷气，通过混凝土传递而来的冷气也会直接让土壤变凉。因此，建议在花盆底部铺上不易散热的泡沫聚苯乙烯板，或者连同花盆一起放入泡沫聚苯乙烯的箱子里。

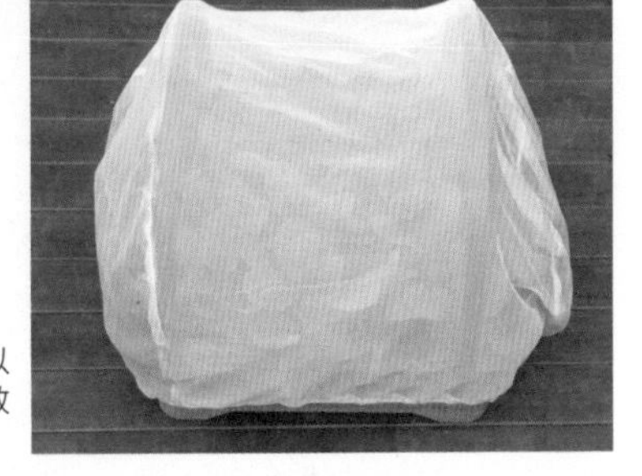

无纺布不仅可以御寒，也能有效防虫。

耐寒性差的蔬菜

一般来说，喜好高温的蔬菜对低温的适应能力都比较差。毛豆、秋葵、黄瓜、苦瓜、红薯、紫苏、红辣椒、番茄、茄子、青椒等蔬菜的耐寒性较差，在寒冷地区或跨寒冷季节种植这些蔬菜时，一定要做好防寒措施。可以放入温室，也可以连同花盆一起放入泡沫聚苯乙烯箱子里。

如果快降霜了就搬到室内

如果是外界气温在冰点以下的严寒天气，即使使用温室或塑料棚，也无法抵御寒冷。等快要降霜时，建议搬到室内去。但是，葱、菠菜和小松菜等蔬菜，可以抵御零下 15℃左右的严寒，即使放置在室外也没有问题。

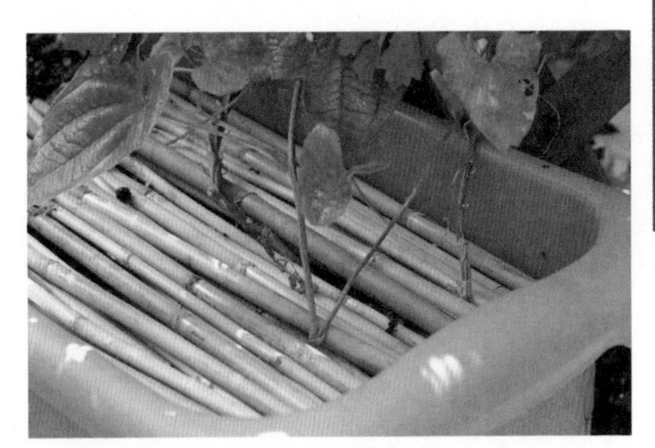

在土壤表面覆上麦秆，除了可以防寒，还可以防止干燥。

防暑对策

即使是番茄和茄子等耐高温的蔬菜，在酷暑中的混凝土阳台也很难生存下来。如果将近 40℃的酷暑天气一直持续，就需要做好夏季防暑措施。在此，介绍一下防暑对策的具体方法。

做好遮阳工作

防暑对策的第一步当然是从减弱直射阳光的强度开始。只需使用苇帘或冷纱，让花盆不再受到阳光直射，就会有不错的效果。

使用竹帘，可以有效遮阳。

为了阻挡地面反射的热量，建议使用砖块等抬高花盆。

防止土壤温度上升

预防花盆内土壤温度上升是十分重要的。在阳台上，地面混凝土很容易变热。为了防止热传导，可以在花盆下面铺上泡沫聚苯乙烯板。但是必须注意不要积水并保持良好的通风。

耐热性差的蔬果

草莓、豌豆、芜菁、卷心菜、小松菜、蚕豆、白萝卜、胡萝卜、大蒜、葱、白菜、菠菜、水菜等蔬果的耐热性较差。在跨高温期种植这些蔬果或在春季和秋季极易变成高温的环境中栽种时，必须做好应对高温的准备。可以盖上冷纱并放在背阴处，也可以加强通风。

傍晚洒水很有效

当地面被阳光暴晒，温度升高时，洒水是个不错的办法。但是，不能在正午阳光非常火辣的时候进行。因为洒过的水会变成高温蒸气，反而会让植物长势衰败。建议在太阳下山后的傍晚时分洒水。快要枯萎的叶子和茎会在夜晚凉爽的空气中恢复生机。

利用汽化热降低气温。

防治病虫害对策

虽然在种菜过程中不可避免地会受到病虫害的侵袭，但是也可以采取一些措施，减少病虫害的发生。学习一下可以防治病虫害的正确栽培方法吧！万一发生了病虫害该怎么办呢？一定要牢牢记住此类状况的应对方法。

打造不易染病的环境是最重要的

本来，植物在适合自身生长发育的环境下是很少生病的。一定要记住，有些植物生病其实是因为处在不适合其生长发育的环境里。其主要原因大多是由于没有采用正确的栽培方法，还有可能是因为光照和通风不良。如果光照不良，植物无法进行充分的光合作用，长势就会减弱，变弱后的植物，就会对由于通风不良而产生的各种病菌没有抵抗力。首先，最重要的是避免栽种过密，及时清理枯叶，保持良好的通风环境。

正确使用农药

使用农药，可以有效地抑制病虫害的侵袭。但是，使用时一定要格外留心。仔细阅读说明书中关于喷洒农药的时间、次数和使用方法的介绍，采用正确的方法使用农药。

主要的病害及处理办法

花叶病

叶子表面出现镶嵌似的斑点后，缩小枯萎。→ 整株拔掉处理。

青枯病

番茄和茄子的常见病症。根部腐烂后，即使叶子和茎还是绿色也会枯萎。→ 整株拔掉处理。

根瘤病

十字花科蔬菜的常见病症。根部长出瘤子，阻碍生长发育。→ 必须对土壤进行消毒。

面粉病

瓜科的常见病症。叶子上长出白色面粉状的霉。→ 摘掉生病的叶子。放在向阳处，并保持良好的通风。

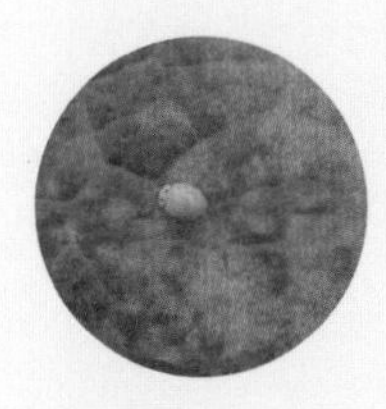

感染了面粉病的黄瓜的叶子。中间为食用菌类的黄瓢虫。

白锈病

十字花科蔬菜的常见病症。叶子内侧长出乳白色的斑点后枯萎。→ 摘掉生病的叶子。放在向阳处，并保持良好的通风。

露菌病

在梅雨季节或绵绵秋雨时节容易发生的病症。叶子长出黄斑并枯萎。→摘掉生病的叶子，同时，要保持良好的通风。

主要的害虫及处理办法

青虫

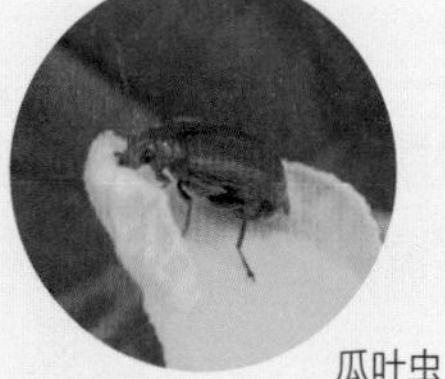
瓜叶虫

蚜虫

群居在叶子或茎等部位吸食汁水，不仅会让叶子萎缩，还会传播病毒。→用胶带粘掉，也可以用银灰膜覆盖，不让昆虫靠近。

青虫

食用叶子和茎的害虫。喜欢食用卷心菜和花椰菜的叶子。→ 一旦发现，立即捕杀。可以利用防虫网防止其产卵。

伪瓢虫（二十八星瓢虫）

喜好食用土豆的叶子。→ 一旦发现，立即捕杀。清除其产在叶子内侧的虫卵。

咬根虫

藏在土里啃咬蔬菜根部的害虫。→挖出来消灭掉。

菜粉蝶

啃咬十字花科或豆科等植物的叶子或茎的害虫。→大多藏在植株下面的土里，需要挖出来消灭，清除其产在叶子内侧的虫卵。

瓜叶虫

把黄瓜等瓜科植物的叶子啃咬成圆圈状的害虫。→一旦发现，立即捕杀。

如何才能不受害虫的侵袭？

啃咬植物的根和叶子的害虫极易在通风不良的条件下产生。如果在土壤中再加入没有完全发酵的有机物，当有机物分解时就会产生氨气和甲烷等有害气体，而它们的气味会吸引各种各样的害虫聚集。一旦发生这种情况，在天敌较少的环境下，灾害一般都会迅速蔓延。为了避免害虫的侵袭，最重要的是制作优良的土壤。

如果发生了病虫害，该怎么办？

那么，如果发生了病虫害，该怎么办呢？首先要把遭受病虫害的部分或整株都剪掉，消灭已发现的害虫。然后，为了避免病菌扩散，必须喷洒农药。另外，发现害虫时，有时会有虫卵产在不易被发现的叶子内侧，要认真寻找并消灭掉它们。

制作放心安全的防虫剂

可以使用厨房里安全放心的材料代替农药来防治病虫害。比如，只要把牛奶喷洒到蚜虫上，就可以将其完全消灭。把醋稀释 500 倍后喷洒，可以有效抑制霉菌或细菌的繁殖。还可以在其中掺入和黏着剂有相似作用的肥皂水。把大蒜或红辣椒磨碎后，溶解在水里，喷洒在叶子表面，可以预防叶螨。

好好利用醋和牛奶的防虫功效。

环保液体杀虫剂

以淀粉为主要成分，不含化学杀虫剂成分的环保杀虫剂。由于其利用淀粉的黏性来消灭害虫，所以不会让植物对其产生抗药性。可以有效消灭虫螨和蚜虫。

环保液体杀虫剂。

何谓间作作物？

有些植物种在一起可以互相促进彼此的生长发育，并抑制病虫害的侵袭，这类植物被称为“间作作物”。如果想在种菜时不使用农药，何不把它作为防治病虫害的一种手段加以利用呢？

不招害虫的薄荷和洋苏草等香草混栽。

番茄配韭菜、胡萝卜配金盏花

韭菜和葱等葱科的同类作物中含有蒜碱成分，可以有效抑制番茄的病菌。被黄瓜等葫芦科作物视为天敌的瓜叶虫，因非常讨厌葱的气味而无法靠近。金盏花可以有效减少啃咬蔬菜根部的线虫的数量，建议和胡萝卜、白萝卜等根菜类蔬菜混栽。

除了能避免连作障碍，还可以节省肥料

黄瓜、南瓜、西瓜等葫芦科蔬菜很容易产生连作障碍。但是，通过和葱混栽，可以抑制病菌繁殖，降低连作障碍的程度。豆类作物吸收空气中的氮后，具有肥土的功效，所以不需要施太多肥。如果把需肥量多的茄子和豆类作物混栽，不仅不会争肥，还会长得更好。

可以混栽的蔬菜组合

通过种在一起，促进双方的生长发育。利用植物的这种特性种出健康的蔬菜吧！

- 番茄和韭菜
- 茄子和毛豆
- 草莓和葱
- 土豆和扁豆
- 葱、红薯和毛豆
- 生菜和胡萝卜
- 菠菜和葱

可以混栽的蔬菜和香草

通常，香草都具有极强的除虫功效。通过驱赶畏惧香草气味的害虫，可以促进蔬菜生长。

- 番茄和金盏花
- 茄子和罗勒
- 黄瓜和金盏花
- 白萝卜和洋甘菊
- 胡萝卜和金盏花
- 土豆和金盏花

不能混栽的蔬菜组合

通常，要避免同科蔬菜混栽在一起，比如同属茄科的番茄和土豆。要注意，还有一些蔬菜虽然不是同科，但也不能混栽。

- 番茄 × 土豆
- 黄瓜 × 南瓜
- 草莓 × 卷心菜
- 生菜 × 葱
- 白萝卜 × 葱
- 毛豆 × 葱

何谓有机栽培？

种菜的乐趣在于享受劳动喜悦的同时，还可以得到大自然的馈赠。为此，一定要用心栽培，激发植物与生俱来的生命力，最好以不使用农药和化肥的有机栽培为目的。

想尝到好吃又安全放心的蔬菜！

超市等蔬菜卖场里摆放的蔬菜大多都是依靠农药或化肥栽种出来的。农民为了高效地种出更多的蔬菜，不得不使用农药和化肥。当然，这些蔬菜都是遵守严格的安全标准生产出来的，还不至于对人体有害。但是，在家庭菜园里，花费精力本身就是一种乐趣，就不需要这样做了。集中精力种出安全、放心又美味的蔬菜吧！

依靠自然的力量种出的蔬菜，味道好、营养价值高！

虽然如今在温室里栽种反季蔬菜已经是司空见惯的事情，但是违反自然法则栽种蔬菜的做法，会给植物造成巨大的压力，使其无法茁壮生长。即使看起来在健康生长，也是因为施了农药和化肥。违反自然法则种出来的蔬菜和只依靠自然力量、经过时间考验的蔬菜，其味道和营养价值是不同的。有说法表示，现在的蔬菜和 50 年前的蔬菜相比，营养价值正在大幅度下降。菠菜中维生素 C 的含量下降至 1/5，番茄中铁的含量竟然下降至 1/25，实在令人震惊。由此可以推断，无视自然法则的栽种方法是很有问题的。

适合有机栽培的土壤。

不依靠农药、化肥来种菜！

如果想不依靠农药、化肥来种菜，就要尽量不违反自然法则。因此，遵循应季原则十分重要。不给蔬菜施加过多的压力，激发蔬菜本身具有的生命力，让其自然生长，才能种出更健康的蔬菜。洒农药时，不仅消灭了害虫，也消灭了它的天敌。在没有天敌的环境下，若虫害再次发生，就有可能比之前的危害更大。另外，化肥的使用造成土壤中的微生物灭绝，对自然生态系统造成恶劣的影响。在这种环境下，植物不仅无法茁壮生长，反而更容易得病。结果就会陷入不得不更加依赖农药的恶性循环。还有人指出，使用化肥种出的蔬菜中含有大量硝酸盐。

想尝一尝依靠自然的力量种出的蔬菜和水果。

什么是有机农产品？

有机农产品是指“原则上不使用农药或化肥，通过使用堆肥等手段改良土壤，在水田或旱地栽种的农产品”。为了达到这个标准，蔬菜必须满足“在栽种菜苗或播种的前 2 年以上，栽种农产品的水田或旱地不得使用任何被禁止的农药或化肥”的条件。

B

● **半阴凉处**
1 天中只有 3 ~ 4 小时向阳的地方，或者是只有从树叶缝隙透过来的阳光的地方。

C

● **赤玉土**
赤土干燥后，保水性和透气性俱佳的粒状土壤。加水后不会变形。

● **初花、初果**
植株中最先开出的花是初花，最先结出的果实是初果。

● **成活**
移植后的幼苗，牢牢扎根生长。

● **抽薹**
绿叶蔬菜长出花芽。由于抽薹后味道会变差，所以必须在抽薹前采收。

● **草木灰**
燃烧草木后产生的灰。除了可以中和酸性土壤，还含有大量的磷和钾，可以作为优质的肥料使用。

● **雌雄异株**
像龙须菜那样，只开雄花的雄株和只开雌花的雌株分开的植物。大多数蔬菜的雄花和雌花都在同一植株上。

D

● **定植**
把在育苗盆里培育的幼苗移植到容器里，也称作移株。

● **氮**
肥料三要素之一。可以促进叶子的生长发育，也被称为“叶肥”。

● **堆肥**
指把糠、油渣和牛粪等有机物添加到落叶或麦秆中发酵后的肥料，可以用作基肥。

F

● **覆土**
播种后撒土。厌光性种子要多覆土，喜光性种子要少覆土。

● **分株**
当植株长得过大时进行的工作。把根分成小份后移栽，可以促进植株生长发育，重新焕发生机。

G

● **果菜**
结果实的蔬菜。包括茄子、番茄、黄瓜、青椒、南瓜、西瓜、毛豆、草莓等。

● **改良土壤**
调节酸度，优化排水性、保水性和透气性，改良成适宜植物生长发育的土壤。可以使用堆肥、腐叶土、木炭等有机质物质，或者珍珠岩等无机质物质作为改良材料。

● **根菜**
食用长大后的根或地面以下的茎的部分的蔬菜。包括白萝卜、芜菁、胡萝卜、土豆、红薯、洋葱等。

● **光合作用**
植物利用光的能量，把水和二氧化碳转化成碳水化合物。

● **灌水**
浇水。通常都是把水浇在土壤的上面，但是也有从花盆下面把水吸上来的浇水方法。

H

● **化肥**
化学合成的肥料中，含有氮、磷、钾中两种以上成分的肥料。肥效快，可以作为基肥或追肥使用。

● **花芽**
在位于植物的枝干或茎部的芽中，长大后变成花的芽。变成叶子的芽被称为叶芽。

● **花盆花园**
使用容器种植蔬菜或花卉的庭院或阳台。

● **混栽**
把种类不同的植物混合栽种在一个花盆里。

● **缓效型肥料**
肥效缓慢，并随时间持续的肥料。多用作基肥。

J

● **间作作物**
不同种类的植物通过种在一起，可以防治病虫害并促进生长发育。彼此互相产生有益影响的植物。

● **间苗**
拔掉一部分因为生长而开始混杂的幼苗，保持适当的株距。

● **基肥**
在播种或栽种幼苗之前，掺入土壤中的肥料。

● **加土**
为防止植株倒伏，在其根部加足土。

● **剪枝**
为了促进光照和通风或修整形状，剪掉植株的枝干。

● **鸡粪**
把鸡粪干燥后制成的肥料。含有较多的氮、磷、钾三种元素。

● **结球**
卷心菜、白菜或生菜等，叶子呈球状卷曲的样子。

● **钾**
肥料三要素之一。可以让根和茎更加强壮，也被称为“根肥”。

● **假移植**
在把刚刚发芽的小苗移栽到田地或容器里定植之前，临时性的移植。可以促进扎根及定植后的生长发育。

K

● **堆肥**
把肥料集中放在植株根部的做法，也指这类肥料。和把肥料全部混入土里不同，浇水时肥料会慢慢溶解，肥效持续时间更长。

● **苦土石灰**
用含有氧化镁的石灰来中和偏酸性的土壤。

L

● **落花、落果**
开出的花或结出的果实掉落。

● **轮作**
把不同种类的作物按照一定的顺序重复栽培的方法。

● **磷**
肥料三要素之一。有助于花朵和果实的发育，也被称为“果肥”。

● **连作**
在同一地点栽种同一类植物。根据植物种类不同，会引起生长发育迟缓或病虫害较多等危害。

● **两枝并立型**
对主枝摘心后，保留 2 株腋芽生长的栽培方法。保留 3 株的情况被称为三足鼎立型。

● **烂根**
由于浇水过多，根部呼吸受阻而腐烂。

● **冷纱**
用来防虫、防风、避霜的网眼状纱布，也可以用来遮挡阳光直射。

● **鹿沼土**
栃木县鹿沼地区出产的土壤。由火山浮石风化而成，透气性和保水性良好。

M

● **苗床**
播种育苗时使用的场所。当幼苗在此长到一定程度的大小时，定植到容器里。

● **慢效型肥料**
虽然见效慢，但是肥料可以长久地持续。有机肥料属于此类。

N

● **耐寒性**
指可以忍耐低温的特性。葱、白萝卜、菠菜等都具有这种特性。

● **耐热性**
指可以忍耐高温的特性。茄子、青椒、秋葵等都具有这种特性。

P

● **盆根**
在花盆里培育幼苗时，苗的根沿着花盆形状而生长的样子。

● **培土**
培一下根部的土壤，让其茁壮生长。在防止植物倒伏的同时，还具有促进扎根的效果。

Q

● **牵引**
把植物的茎或藤蔓绑在支架上。

● **掐芽**
摘掉腋芽。为了不让侧枝数量增长得过快而进行修整，促进植株生长发育。

● **掐果**
把刚结出来的小果子摘掉。这样可以让留下来的果实长得更大。

S

● **烧肥**
由于施肥过多，导致植株瘦弱。

●适宜发芽温度

最适宜发芽的温度。耐寒性强的蔬菜是 15 ~ 20℃，耐热性强的蔬菜是 25 ~ 30℃。

●速效型肥料

施肥后，立刻吸收并发挥出肥效的肥料。化肥和液肥都属于此类。

●石灰

可用来中和酸性土壤。包括苦土石灰、消石灰和有机石灰等。

●适宜生长温度

最适宜植物生长发育的温度。

●授粉

把花粉沾到花蕊的柱头上。大多数情况下，昆虫或风会传播花粉。有时也需人工授粉。

●酸性土壤

pH 值在 7.0 以下的土壤。大多数蔬菜都偏好 pH 值为 5.5 ~ 6.5 的弱酸性土壤。但如果土壤过于倾向酸性或碱性，将不利于植物的生长发育。

T

●徒长

由于光照不足或施肥过多，导致茎部瘦弱，过度生长。

●藤蔓徒长

只有藤蔓生长，花和果实的状况均不佳。有时是因为施氮肥过多引起的。

●团粒结构

多个土壤颗粒集合在一起形成粒状的土壤。粒与粒之间有缝隙，排水性、保水性和透气性良好。适合栽培植物。

●条播

条状播撒的播种方法。另外，还有隔一定距离逐次播撒多粒种子的点播和均匀统一播撒的散播等方法。

W

●晚生

指从播种或栽种幼苗到收获的时间较长的品种。栽种期短的称为早生，栽种期中等的称为中生。

●晚霜

指在晚春或初夏等不合时节的时候下的霜。最低气温在 3℃以下时，往往会下霜。对于耐寒性较差的蔬菜，必须做好防寒准备。

●完全发酵的堆肥

将落叶、麦秆、牛粪和油渣等有机物完全发酵后的堆肥。如果播撒没有完全发酵的堆肥，很容易引起病虫害。

X

●修枝

剪掉混杂的枝干，促进光照和通风。根据植物种类的不同，有时还可以促进新的茎或枝干的生长。

●喜光性种子

生菜和胡萝卜等发芽时需要足够光照的种子。播种后如果覆太厚的土，就会因为遮挡阳光而很难发芽。

Y

●营养土

栽种植物时，把腐叶土、肥料和石灰等按照一定比例混合的土壤。

●液肥

液体状的肥料，通常用水稀释后使用。由于肥效快，可以作为追肥使用。除了可以加到土里，还可以喷洒在叶子表面。

●圆筒形支架

在花盆边缘立上多根支架，让植物的藤蔓按螺旋状攀爬。因其形状像圆筒，所以被称为“圆筒形支架”。

●育苗

播种后培育幼苗。育苗的专用容器被称为育苗盆。

●移植

把幼苗或植株移栽到其他地方，把幼苗从育苗盆移栽到容器里时的专业用语。

●一枝独秀型

对多株混杂的幼苗间苗后，如果只保留 1 棵幼苗，就是一枝独秀。如果保留 2 棵幼苗就是两枝并立。

●腋芽

叶子根部的芽称为腋芽。

●有机质肥料

以鸡粪、牛粪、油渣、骨粉、鱼粉等有机物为原料制成的肥料。见效慢，肥效可长时间持续。

●叶面喷洒

把液肥或农药直接喷洒在叶子表面。

●移盆

把幼苗从苗床移栽到花盆或容器里。

Z

●早生

从播种到收获的时间较短的品种。栽种期长的被称为晚生，栽种期中等的被称为中生。

●蛭石粉

被称为蛭石的矿石用高温煅烧后粉碎的粉末。其排水性、透气性和保水性俱佳。

●摘心

摘掉枝或茎的顶端，限制其生长高度，促进腋芽生长。

●追肥

在植物的生长过程中施肥。在花盆里种菜时，肥料很容易用光，所以要格外注意。

●整枝

为了促进光照和通风，可以剪掉混杂的枝干或茎的一部分。

●直播

把种子直接播撒在田地、花坛、花盆或容器里。

●子房

花蕊底部鼓起的部分。子房长大，形成果实。

●株距

植株之间的间隔。如果间隔过小，通风就会变差，并容易发生病虫害。所以要保持适当的间隔。

美味食谱索引